# 电力工程技术与施工管理

王雪松　程继军　孙　静◎著

辽宁科学技术出版社
·沈阳·

图书在版编目（CIP）数据

电力工程技术与施工管理 / 王雪松，程继军，孙静著. — 沈阳 ：辽宁科学技术出版社，2022.10
（2024.6重印）
ISBN 978-7-5591-2674-0

Ⅰ. ①电… Ⅱ. ①王… ②程… ③孙… Ⅲ. ①电力工程—工程施工—施工管理 Ⅳ. ①TM7

中国版本图书馆CIP数据核字(2022)第151368号

---

出版发行：辽宁科学技术出版社

（地址：沈阳市和平区十一纬路 25 号　邮编：110003）

印 刷 者：沈阳丰泽彩色包装印刷有限公司

经 销 者：各地新华书店

幅面尺寸：170mm × 240mm

印　　张：8

字　　数：140 千字

出版时间：2022 年 10 月第 1 版

印刷时间：2024 年 6 月第 2 次印刷

责任编辑：孙　东　卢山秀

封面设计：徐逍逍

责任校对：王春茹

---

书　　号：ISBN 978-7-5591-2674-0

定　　价：48.00 元

联系编辑：024－23280300

邮购热线：024－23284502

投稿信箱：42832004@qq.com

# 前言 PREFACE

为了满足国民经济快速发展的需要，当前电力建设正处于快速发展的阶段。只有在确保施工安全的前提下，才能保证电力工程建设的顺利进行，保证工程的质量，发挥投资的最佳经济效益。如果说效益关系到企业的发展，那么安全则维系着企业的生存，因此，电力建设单位应该确保电力工程的建设安全。近年来，虽然电力施工企业的施工技术有了很大的提高，但是仍不时有人身伤亡事故、施工机械损坏事故发生。因此，我们绝对不能对安全生产工作掉以轻心，任何时候都不能放松安全管理工作，必须把“安全第一，预防为主”的方针落到实处。

在市场经济环境下，电力建设企业要立于不败之地，就必须尽快做大做强。要想做大做强，就必须铸就精品工程，用产品说话。这就需要电力建设企业施工管理人员了解火电建设施工的组织程序、施工工艺，并合理组织调剂生产要素，加强技术管理和创新，完善科技成果转化为现实生产力的机制，开发、吸引、应用新技术，控制成本、降低损耗，提升企业核心竞争能力，这样，企业才能在市场经济中谋生存、求发展。

本书内容包括电力工程技术概述、电力通信技术、电力工程施工技术、火电建筑工程施工管理。

由于作者水平有限，加上成书时间仓促，书中疏漏和不足之处在所难免，敬请广大读者批评指正，在此表示感谢！

**第一章　电力工程技术概述** …… 1

第一节　电力工程常用材料 …… 1

第二节　电力工程专业技术 …… 5

**第二章　电力通信技术** …… 12

第一节　电力通信综述 …… 12

第二节　电力载波通信 …… 15

第三节　电力系统光纤通信 …… 18

第四节　电力系统无线通信 …… 23

第五节　电力系统数据通信 …… 31

**第三章　电力工程施工技术** …… 36

第一节　送电工程项目施工技术 …… 36

第二节　变配电工程项目土建施工技术 …… 61

第三节　变配电工程项目安装技术 …… 87

**第四章　火电建筑工程施工管理** …… 99

第一节　施工组织中的重点工作 …… 99

第二节　施工过程中的重点工程部位 ······ 116

第三节　火电建筑工程施工质量问题事例 ······ 117

第四节　火电建筑工程施工安全事故事例 ······ 119

**参考文献** ······ 122

# 第一章 电力工程技术概述

## 第一节　电力工程常用材料

### 一、杆塔基础的类型与构造

#### （一）钢筋混凝土杆基础

钢筋混凝土杆也称为电杆、水泥杆，其基础分为埋杆基础和三盘基础。

地下部分的电杆：承受下压力和倾覆力矩。10kV 电力线及部分 35kV 电力线的电杆采用这类基础。不同的电杆高度，有不同的埋深规定。

混凝土底盘、卡盘、拉线盘与埋设于地下的水泥杆组成三盘基础。三盘的作用如下。

底盘：安装在电杆的底部，承受电杆的下压力。

卡盘：用 U 形抱箍固定在电杆上，用来增强电杆的抗倾覆能力。通常分为上卡盘和下卡盘，下卡盘紧靠底盘，用 U 形抱箍固定在电杆根部；上卡盘安装在电杆埋深的 1/3 处。

拉线盘：用来固定电杆的拉线。

底盘、卡盘、拉线盘在加工场预制好之后运往施工现场安装，所以也称为预制基础。但在地形条件差或底盘和拉线盘规格较大、运输不便的情况下也采用现场浇制而成。

### （二）铁塔基础

现浇阶梯直柱混凝土基础。现浇阶梯直柱混凝土基础是各种电压等级线路广泛使用的一种基础形式。它又可分为素混凝土直柱基础和钢筋混凝土直柱基础两种。基础与铁塔的连接均采用地脚螺栓。

现浇斜柱混凝土基础。根据斜柱断面又可分为等截面斜柱混凝土基础、变截面斜柱混凝土基础、偏心斜柱混凝土基础。基础与铁塔的连接有两种方式：地脚螺栓式和主角钢插入式。

桩式基础。桩基础的形状为直径 800 ~ 1200mm 的圆柱，每个基础腿可用单桩或多根桩组成。

岩石基础。将岩石凿成孔，把地脚螺栓放进去，然后沿地脚螺栓周围灌注砂浆与岩石黏结成整体。

装配式基础。钢筋混凝土预制构件装配而成。

拉线塔基础。拉线铁塔基础采用现浇阶梯式混凝土基础，基础的顶部为球铰。

## 二、杆塔

### （一）杆塔的种类

架空电力线路的杆塔是用来支持导线和避雷线的，以保证导线与导线之间、导线与避雷线之间、导线与地面或与交叉跨越物之间所需的距离。

混凝土杆和铁塔统称为杆塔。按照杆塔在线路上的使用情况，杆塔种类分为以下几种：

直线杆塔：用于线路的直线地段，采用悬垂绝缘子串悬挂导线、避雷线。

耐张杆塔：用于承受导线、避雷线的张力，在线路上每隔一定距离立一耐张杆塔，以便于施工紧线和限制直线杆塔倾倒范围。耐张杆塔采用耐张绝缘子串锚固导线和避雷线。

转角杆塔：用于线路转角的地方。一般耐张杆塔兼做转角杆塔。

终端杆塔：用于发电厂或变电站的线路起、终点处。同样采用耐张绝缘子串锚固导线和避雷线。

换位杆塔：用于线路换位的地方。有直线换位杆塔和耐张换位杆塔。如果按照杆塔的外形或导线在杆塔上的排列方式来区分杆塔，则钢筋混凝土杆可分为单杆和双杆（又称门形杆）。而铁塔可分为上字型铁塔、猫头型铁塔、酒杯型铁塔、干字型铁塔和鼓型铁塔。

### （二）钢筋混凝土杆

钢筋混凝土杆的制造方法是，将钢筋绑扎成圆筒形骨架放在钢模内，然后往钢模里浇注混凝土，再将钢模吊放在离心机上高速旋转，利用离心机的作用，使混凝土和钢筋成为空心圆柱的整体，即为钢筋混凝土杆。

钢筋混凝土杆根据外形可分为等径杆和锥形杆两种。等径杆的长度有 3.0m、4.5m、6.0m、9.0m 等，它们的直径有 300mm、400mm、500mm 三种。

锥形杆的锥度为 1/75，杆段规格尺寸较多，根据工程需要，利用单根或不同长度的杆段组合成所需高度。

### （三）杆塔的连接

铁塔构件的连接采用螺栓，主材与主材的连接采用角钢（俗称包铁）或联板，斜材、水平材与主材的连接采用联板。

钢筋混凝土杆的连接方法是，将杆段运到杆位后进行排杆，将杆段端部的钢圈焊接成所需要的整根电杆；也有用法兰盘连接。

## 三、导线和避雷线

### （一）导线

1. 导线的型号及规格

架空电力线路的导线有铝绞线、钢芯铝绞线、铝合金绞线、钢芯铝合金绞线等。钢芯铝绞线以钢绞线股为芯，铝线股为外层绞制而成。表示方法为 LGJ–**/**，L 代表铝，G 代表钢，J 代表绞线，**/** 代表铝股标称截面 / 钢芯标称截面。如 LGJ–240/30 表示钢芯铝绞线，铝股标称截面为 240$mm^2$，钢芯标称截面为 30$mm^2$。

2. 相分裂导线

低压电力线路一般每相采用一根导线，三相采用三根导线。220kV 及以上电压等级的线路常采用相分裂导线。相分裂导线是指每相采用相同型号规格的 2 根、4 根、6 根、8 根导线，每根导线标为相分裂导线的子导线（或称为分裂导线），子导线之间的距离分为分裂导线的间距。

采用分裂导线可以提高线路输送容量，减少线路电晕损耗和降低对无线电的干扰。

### （二）避雷线

架空送电线路的避雷线也称为架空地线，一般采用钢绞线或铝包钢绞线。钢绞线用镀锌高碳钢丝绞制而成。机械强度较大，有一定的防腐性能。表示方法为 GJ-**，G 代表钢，J 代表绞线，** 代表钢芯标称截面。如 GJ-100 表示钢绞线，标称截面为 $100mm^2$。常用钢绞线有 7 股和 19 股。

## 四、金具和绝缘子

### （一）线路金具

架空电力线路的金具，是用于将绝缘子和导线或避雷线悬挂在杆塔上的零件，以及用于导线、避雷线的接续和防振或拉线紧固、调整等的零件。按照用途的不同，线路金具分为六大类。

悬垂线夹：用于握住导线或避雷线，在直线杆塔悬挂导线或避雷线。

耐张线夹：用于耐张杆塔固定导线或避雷线。

连接金具：用于连接绝缘子和线夹，并与杆塔连接。连接金具的形式多种多样。

接续金具：用于导线和避雷线的连接。

防护金具：也称为保护金具。主要有防振锤、间隔棒、均压环、屏蔽环、预绞丝护线条等。

拉线金具：用于拉线杆塔的固定。

### （二）绝缘子

1. 绝缘子的种类和规格

绝缘子的作用是悬挂导线并使导线与杆塔之间保持绝缘。绝缘子不但具有较高的机械强度，而且要有很高的电气绝缘性能。配电线路常用针式绝缘子、棒式绝缘子或瓷横担绝缘子。送电线路常用盘形悬式绝缘子。盘形悬式绝缘子的型号规格用拼音字母加数字表示，如 XP–70、XP–100、XP–160 等。其中 X 代表悬式绝缘子；P 代表机电破坏负荷；70 代表额定机电破坏负荷数，单位为 kN。线路通过污秽地区时，常采用防污绝缘子。制造绝缘子的材料，有瓷质材料和钢化玻璃，用瓷质材料制造的称为瓷绝缘子，用钢化玻璃制造的称为钢化玻璃绝缘子。目前送电线路还采用硅橡胶有机复合绝缘子。

2. 绝缘子串的组装形式

根据线路电压的高低和使用情况，可用不同数量的绝缘子和金具组装成各种绝缘子串。单串悬垂绝缘子串用在直线杆塔上。单串耐张绝缘子串，用在耐张或转角及终端杆塔上，承受导线的张力。单串耐张绝缘子串抗拉强度不够时，可采用双串耐张绝缘子串。

# 第二节　电力工程专业技术

## 一、测量工具和仪器

### （一）测量工具

钢卷尺，测量常用的长钢卷尺有 30m 和 50m 两种，短钢卷尺有 2m、3m 和 5m，钢卷尺的测量精度较高。

皮尺，常用来丈量距离，用于测量精度要求不高的场合。

花杆，测量时标立方向所用。用红白相间的油漆涂刷杆身，以便于观测时容易发现。

塔尺，是视距测量的重要工具。全长5m，三节组成，使用时一节节抽出，用完后缩回原位。用塔尺可以读出米、分米、厘米、毫米（估读）四位数。

现在市场上供应的花杆和塔尺用铝合金制成，体积小、强度高、不易变形。

### （二）测量仪器

经纬仪：经纬仪的种类很多，但主要结构大致相同。主要部分有望远镜、垂直度盘、水平度盘、水准器、制动器、基座、三角支架等。

望远镜是经纬仪的主要部件，由物镜、目镜和十字丝组成，十字丝是在玻璃片上刻成互相垂直的十字线，其上、下两根横线分别称为上线和下线（也称为视距丝），竖线是对准花杆或目标的。望远镜可以上下方向（垂直方向）或左右方向（水平方向）转动。测量时将望远镜对准目标，旋转目镜和对光螺栓，在镜筒内即可清晰地对准目标。经纬仪上的水平度盘和垂直度盘，用以读取水平转角和垂直角的角度。用以调平仪器的基座和脚螺旋，可通过仪器上的水准器判断是否调平。在测量中经纬仪应用最广，用它可以测量水平角度、垂直角度（俯角或仰角）、距离（视距）、高程、确定方向等。

## 二、经纬仪的安置与瞄准

### （一）对中

使经纬仪中心与测站点（标桩上的小铁钉）在同一垂直线上称为对中。光学经纬仪对中时，先松动仪器连接螺栓，移动仪器，使对光器中的小圆圈与标桩上的小铁钉重合为止。

### （二）整平

利用三只整平螺旋和水准管，使仪器的竖轴垂直，水平度盘处于水平位置称为整平。先使水准管垂直于任意两个整平螺旋，双手同时向内或向外旋转整平螺旋，使水准管气泡居中，然后将经纬仪旋转90°，使水准管垂直于前两个整平螺旋的连线，旋转第三个整平螺旋，使气泡居中。整平操作要反复进行，直至度盘转至任何位置时，水准管的气泡仍然居中为止。实际工作中，允许气泡不超过一格的偏差。

### （三）瞄准

用望远镜的十字线交点瞄准测量目标称为瞄准。方法是先调节目镜使十字线清晰，然后放松水平度盘和望远镜的制动螺旋，使望远镜能上下左右旋转。瞄准目标时，先利用镜筒上的照准器大致对中目标，再调节物镜使物象清晰，通过望远镜寻找目标。当目标找到后，将水平度盘和望远镜的制动螺旋拧紧，再旋转微动螺旋，使十字丝交叉点准确地瞄准目标。测量时将花杆直立于观测点上，望远镜中的十字线交点要对准花杆下部尖端或使十字线的竖线平分花杆。

## 三、白棕绳

### （一）白棕绳的规格

白棕绳是用龙舌兰麻（又称剑麻）捻制而成，其抗张力和抗扭力较强，滤水性好，耐磨而富有弹性，受到冲击拉力不易断裂，所以在线路工程中常用来绑扎构件、起吊较轻的构件工具等。

### （二）白棕绳的允许拉力

白棕绳作为辅助绳索使用，其允许拉力不得大于 $0.98kN/cm^2$（$100kgF/cm^2$）。

### （三）使用白棕绳的安全要求

白棕绳用于捆绑或在潮湿状态下使用时，应按其允许拉力的一半计算。霉烂、腐蚀、断股或损伤者不得使用。

白棕绳穿绕滑轮或卷筒时，滑轮或卷筒的直径应大于白棕绳直径的 10 倍，以免白棕绳受到较大的弯曲应力，降低强度，同时，也可减少磨损。

白棕绳在使用中如发现扭结应设法抖直，同时应尽量避免在粗糙构件上或石头地面上拖拉，以减少磨损。绑扎边缘锐利的构件时，应衬垫麻片、胶皮、木板等物，避免棱角割断绳纤维。

白棕绳不得与油漆、碱、酸等化学物品接触，同时应保存在通风干燥的地方，防止腐蚀、霉烂。

## 四、钢丝绳

### （一）钢丝绳的规格

起重用的钢丝绳结构为 6×19 或 6×37，即由 19 根或 37 根钢丝拧绞成钢丝股，然后由 6 根钢丝股和一根浸油的麻芯拧成绳。线路施工最常用的是 6×37 钢丝绳。

### （二）钢丝绳使用须知

使用钢丝绳应按实际工作情况，合理选择形式和直径。

钢丝绳的安全系数、动荷系数、不均衡系数不小于规定。

钢丝绳的端部用绳卡（元宝卡子）固定连接时，绳卡压板应在钢丝绳主要受力的一边，且绳卡不得正反交叉设置，绳卡间距不应小于钢丝绳直径的 6 倍。

钢丝绳插接的绳套或环绳，其插接长度应不小于钢丝绳直径的 15 倍，且不得小于 300mm。插接的钢丝绳绳套应做 125% 允许负荷的抽样试验。

使用钢丝绳时，应避免拧扭（金钩）。通过滑车、磨芯、滚筒的钢丝绳不得有接头。通过的滑车槽底不宜小于钢丝绳直径的 11 倍，通过机动绞磨的磨芯不宜小于钢丝绳直径的 10 倍。

钢丝绳报废标准：①钢丝绳有断股者。②钢丝绳磨损或腐蚀深度达到原直径的 40% 以上，或受过严重火烧或局部电烧者。③钢丝绳压扁变形或表面毛刺严重者。④钢丝绳的断丝不多，但断丝增加很快者。⑤钢丝绳笼形畸形、严重扭结或弯折。

钢丝绳使用后应及时除去污物；每年浸油一次，存放在通风干燥的地方。

## 五、滑轮

### （一）滑轮的分类

按滑轮的数目来分：①单滑轮：只有一个滚轮。②复滑轮：由两个以上的滚轮组成。

按滑轮的作用来分：①定滑轮：在使用中固定在某一位置不动，用来改变重物的受力方向。定滑轮中常用的还有转向滑轮，其两端绳索基本上成 90°。②

动滑轮：动滑轮在牵引重物时，其随重物同时作升降运动。③滑轮组：把定滑轮和动滑轮用绳索连接起来使用，称为滑轮组。

### （二）使用起重滑轮的注意事项

滑轮的起重量标在铭牌上，可按起重量选用。

使用前应检查滑轮的轮槽、轮轴、夹板和吊钩等各部分是否良好。

滑轮组的绳索在受力之前要检查是否有扭绞、卡槽等现象。滑轮收紧后，相互间距离应符合：牵引力 30kN 以下的滑轮组不小于 0.5m；牵引力 100kN 以下的滑轮组不小于 0.7m；牵引力 250kN 以下的滑轮组不小于 0.8m。

## 六、抱杆

### （一）抱杆的种类和形状

1. 角钢组合抱杆

角钢组合抱杆采用分段电焊结构，各段间通过螺栓连接而成。主材一般为角钢，斜材、水平材用角钢或钢筋。组合抱杆中间段为等截面结构，上下端为拔销结构。标准节有 350mm、500mm、650mm、700mm、800mm 断面等多种规格。为了便于运输及适应各种不同杆塔型组立施工的需要，组合抱杆的长度有 2m、2.5m、3m、3.5m、4m、5m、6m 等。

2. 钢管抱杆

采用薄壁无缝钢管，分段插接组合或外法兰连接。

3. 铝合金组合抱杆

铝合金组合抱杆采用分段铆接结构，主材、斜材、水平材为铝合金，段与段间结合部位为角钢。各段间通过螺栓连接而成。其他部分与角钢组合抱杆相同，但整体重量轻。

4. 铝合金管抱杆

采用铝合金管，两端组合部分采用钢构件，采用外法兰螺栓连接。

### （二）使用抱杆的注意事项

抱杆按厂家标定的允许起吊重量选用。

金属抱杆整体弯曲超过杆长的1/600或局部弯曲严重、磕瘪变形、表面腐蚀严重、裂纹、脱焊的，以及抱杆脱帽环表面有裂纹、螺栓变形或螺栓缺少的，均严禁使用。

铝合金抱杆在装卸车过程中，要防止铆钉被磨损造成杆件脱落。抱杆装卸过程不得乱掷，以免变形损坏。

## 七、绞磨

### （一）手推绞磨

手推绞磨由磨轴、磨芯（卷筒）以及磨架和磨杠组成。将牵引的钢丝绳在磨芯上缠绕，磨尾绳用人力拉紧，然后人推磨杠使磨轴和磨芯转动，钢丝绳即被拉紧进行起吊或牵引工作。

### （二）使用手推绞磨注意事项

磨绳在磨芯上缠绕不少于5圈，磨绳的受力端在下方，人拉的一端在上方，并使磨芯逆时针方向转动。拉磨尾绳不少于2人，人要站在距绞磨2.5m以外的地方拉绳，人不得站在磨绳圈的中间。

松磨时，推磨的人手把磨杠反方向转圈，切不可松开磨杠让其自由转动。

当绞磨受力后，不得用放松尾绳的方法松磨。

### （三）机动绞磨

机动绞磨由汽油（柴油）发动机、变速箱、磨筒和底座等组成。机动绞磨采用汽油（柴油）发动机作动力，经变速箱带动磨芯卷筒旋转以牵引钢丝绳。机动绞磨有30kN和50kN等规格，适用于立塔、紧线作业。

## 八、地锚、桩锚和地钻

### （一）地锚

一般用钢板焊接成船形，表面涂刷防锈漆防腐。在地锚的拉环上连接钢丝绳套或钢绞线套，将地锚埋入坑中，作为起重牵引或临时拉线的锚固。

### （二）桩锚

桩锚是把角钢、圆钢或钢管斜向打入地中，使其承受拉力。采用桩锚施工简单，但其承载拉力小。为了增加承载拉力，可以在单桩打入地中后，在其埋深的1/3处加埋一根短横木，也可以用两根或三根桩锚前后打入地中后，上端用钢绳套连接在一起以增大承载拉力。

### （三）地钻

地钻是在一根粗钢筋上焊接钢板叶片做成。使用时，上端环中穿入木杠旋转，使地钻钻入地中。地钻具有不用开挖土方、施工快速的优点，在一般黏土土质中使用效果好。

# 第二章

# 电力通信技术

## 第一节　电力通信综述

电力通信是紧密依靠电网发展建设的，目前我国电网形成了以大型发电厂和中心城市为核心、以不同电压等级的输电线路为骨架的各大区、省级和地区的电力系统。电力通信网络本着服务电网的宗旨，紧随着电网的建设而建设，电力通信网发展的重点也是全国各大区电力通信网互联建设和城市电网、农村电网的改造配套的电力通信网络建设。电力系统通信是电力工业的一部分，但在技术上又深受电信技术的影响。各种新的电信技术在电力系统通信中时时处处得以体现，且又有自己的特色和优势，处于两大行业的一个交叉点，随着电网的延伸而延伸，随着通信技术的进步而进步。

### 一、电力系统通信技术分类

#### （一）电力线载波通信

电力线载波（Power Line Carrier，PLC）通信曾经是只能利用高压输电线作为传输通路的载波通信方式，用于电力系统的调度通信、远动、保护、生产指挥、行政业务通信及各种信息传输。随着通信技术的发展，三种具有高抗干扰性的数字调制方法，即多维网格编码方法、扩频通信方法和正交频分复用方法的日趋成熟，载波通信的应用面越来越广，已在低压线上获得了广泛应用。电力线路是为输送 50Hz 强电设计的，线路衰减小，机械强度高，传输可靠，电力线载波通信复用电力线路进行通信不需要通信线路建设的基建投资和日常维护费用，是电力系统特有的通信方式。

### （二）电力系统光纤通信

光纤通信是以光波为载波、以光纤为传输媒介的一种通信方式。在我国电力通信领域普遍使用电力特种光缆，主要包括全介质自承式光缆、架空地线复合光缆、缠绕式光缆。电力特种光缆是适应电力系统特殊的应用环境而发展起来的一种架空光缆体系，它将光缆技术和输电线技术相结合，架设在 10 ~ 500kV 不同电压等级的电力杆塔和输电线路上，具有高可靠、长寿命等突出优点。

### （三）电力系统无线通信

无线通信有微波通信、卫星通信等。微波通信是指利用微波（射频）作载波携带信息通过无线电波空间进行中继（接力）的通信方式。常用微波通信的频率范围是 1 ~ 40GHz。微波按直线传播，若要进行远程通信，则需在高山、铁塔或高层建筑物顶上安装微波转发设备进行中继通信。卫星通信是在微波中继通信的基础上发展起来的。它是利用人造地球卫星作为中继站来转发无线电波，从而进行两个或多个地面站之间的通信。卫星通信主要用于解决国家电网公司至边远地区的通信。目前电力系统内已有地球站 32 座，基本上形成了系统专业的卫星通信系统，实现了北京对新疆、西藏、云南、海南、广西、福建等边远省区的通信网络覆盖。卫星通信除用作话音通信外，还用来传送调度自动化系统的实时数据。

### （四）电力系统数字通信

利用数字信号来传递消息称为数字通信。计算机通信、数字电话以及数字电视都属于数字通信。数字通信系统由信源、信源编码器、信道编码器、调制器、信道、解调器、信道译码器、信源译码器、信宿、噪声源以及发送端和接收端时钟同步组成。在数字通信系统中，如果信源发出的是模拟信号，就要经过信源编码器对模拟信号进行采样、量化及编码，将其变为数字信号。信源编码有两个主要作用，一个是实现数 / 模转换；另一个是降低信号的误码率。而信源译码是信源编码的逆过程。与模拟通信相比，数字通信也有缺点。数字通信的最大缺点是占用的频道宽。可以说，数字通信的许多优点是以牺牲信道带宽为代价而换来的。但是随着微波、卫星、光纤等高带宽信道的广泛应用，集成技术的迅速发展，数字通信的缺点也越来越不明显，数字通信将是现代通信系统的一个重要的发展方向。

## 二、电力系统通信特点

电力系统通信网作为电力专用电信网，是为满足系统内部的生产指挥调度及管理等特殊通信需求而建设，为内部生产组织服务，它有着公用电信网不可替代的特点。和公用通信网及其他专网相比，电力系统通信有以下特点：

第一，要求有较高的可靠性和灵活性。

第二，传输信息量少但种类复杂、实时性强。

第三，具有很大的“耐冲击”性。

第四，网络结构复杂。

第五，通信范围点多面广。

第六，无人值守机房居多。

电力系统通信网最重要的特点是高度的可靠性和实时性，即在通信网络出现故障时，要求尽快地恢复，且业务的延时性要求较高，要求电网信息及下发命令迅速可靠。电力系统通信网有别于公用网的另一特点是用户分散、容量小、网络复杂。这些特点都是作为一个公众网很难承受的。

电力通信网作为一个专用的通信网，有很强的行业性、必要性。它是随着电力系统的发展需要而逐步形成和发展的，主要为电网的调度、电网自动化控制、商业化运营以及实现电力企业的现代化管理服务。它是电网生产运行的基础、商业化运行的基础、企业管理的基础。电力通信与电力系统自动化、电网安全稳定控制系统合称为电网安全稳定运行的三大支柱，而电力通信则又是电网安全稳定控制系统、调度自动化的基础。

# 第二节　电力载波通信

电力网载波通信是电力系统通信特有的一种通信方式，它以电力线为信道，变电站、发电厂为终端，尤其适合于电力调度通信之需求。电力线载波通信，具有投资少、施工期短、设备简单、通信安全、实时性好、无中继、通信距离长等一系列优点。国内 110kV 以上电力系统载波线路长度已接近百万公里，还有大量 110kV 以下的电力载波农网线路运行。庞大的电力载波通信网担负着电网内调度电话、继电保护和运动信息等重要传输任务，对电力网安全稳定经济运行发挥着重要而显著的作用。

## 一、载波机理

声频电流通过传输线从发送端送往接收端就能实现最简单的声频通信，要使一对线路上同时进行多路通信就要采用载波通信的方式。为避免各种信号互相混淆，应将相同频率范围的各个话音信号进行频率变换，把它们搬移到各个不同的频率位置，然后再用同一对线路传输。频率搬移实际上就是改变原始信号的频率，这是利用非线性元件变频作用来实现的。

电力网载波通信的基本设备有电力载波机、结合滤波器、阻波器、耦合电容器等部件。载波机主要用于调制和解调信号，把原来的声频信号调制（解调）成高频（声频）信号。结合滤波器为高频保护提供专用接口，对工频信号呈现非常大的阻抗，防止工频电流侵入。阻波器的作用是防止高频信号流入变压器，耦合电容器接在相线和结合滤波器之间，其作用是阻止工频 50Hz 电流通过。

## 二、载波通信的主要特点

电力网载波通信在原理上和邮电明线的载波通信基本相同，但前者是利用电力线路来实现通信的，电力线路是为输送 50Hz 电能而架设的，线路上具有很高的工频电压和强大的工频电流，因此电力网载波通信有许多独特之处。与邮电载波通信相比，电力网载波通信主要具有如下特点：

### （一）特殊的耦合器

电力网线路上有高压大电流通过，载波通信设备必须通过高效、安全的耦合设备才能与电力线路相连。这些耦合设备既要使载波信号有效传送，又要不影响工频电流的传输，还要能方便地分离载波信号与工频电流。此外，耦合设备还必须防止工频高压、大电流对载波通信设备的损坏，确保安全。

### （二）特定的通频带

电力网载波通信能使用的频谱，是由三个因素决定的。

第一，电力网线路本身的高频特性。

第二，可避免 50Hz 工频谐波的干扰。

第三，防止载波信号的辐射对无线电广播及无线通信的影响。国内统一规定电力网载波通信使用频带为 40 ~ 500kHz。

### （三）特强的干扰源

由于电力网、电力线路上可能存在强大的电晕等干扰噪声，要求电力线载波设备具有较高的发信功率，以获得必需的信噪比。另外，由于 50Hz 谐波的强烈干扰，使得 0.3 ~ 3.4kHz 的话音信号不能直接在电力线上传输，即不可能在电力线上直接进行声频通信。只能将信号频谱搬移到 40kHz 以上，进行载波通信。

### （四）以单路载波为主

电力系统从调度通信的需要出发，往往要依靠发电厂、变电站同母线上不同走向的电力线开设载波来组织各方向的通信。由于能使用频谱的限制、通信方向的分散以及组网灵活性的考虑，电力线通信大量采用单路载波设备。

## 三、载波通信的发展

电力系统通信早在 20 世纪 20 年代初期就已实现，但其商业运作主要是以电力线载波通信（Plastic Leaded Chip Carrier，PLCC）为代表的通信应用。PLCC是电力系统特有的通信方式，它利用坚固可靠的现成电力网作为载波信号传输信道，因此具有传输可靠、路由合理等特点，并且是唯一不用传输信道投资的有线通信方式。电力系统通信经过几十年来的发展，已从电子通信方式发展到现代光电子通信方式。

PLCC作为电力系统通信的经典代表，经历了几次更新换代：从分立设施到集成设施、从单一功能到多功能、从模拟信号到数字信号。

当前PLCC已发展到全数字化时代，如何利用先进的数字信息处理（Digital Signal Processing，DSP）等相关技术推进PLCC的发展，有诸多课题需要研究和实现。未来的PLCC要实现通信业务综合化、传输能力宽带化、网络管理智能化，并且要能实现同远程网络的无缝连接，至少要进一步研发与实现下列三个方面的课题。

硬件设施平台：主要包括PLCC通信方式方法及其通信网络结构优化选择方案等。另外，扩频方法、正交频分复用方法和多维格形编码方法各有千秋，这三种方法到底哪一种最适合低压PLCC，尚有待研究与证实。当然也可采用软件无线策略为这三种方法提供一个统一平台。由于电力网络结构非常复杂，并且网络拓扑千变万化，如何优化PLCC网络结构也是值得进行研发的课题。

软件设施平台：主要包括PLCC理论方法与实现技术的进一步研发，信号处理方法与技术、回波抵消方法与技术、自适应增益调整方法与技术等都在低压PLCC运用中至关重要，均需进一步研发。

网络管理平台：除了上网、通电话外，低压PLCC也可远程自动读取水表数据信息、电表数据信息、气表数据信息，还可用作永久在线连接等。

# 第三节　电力系统光纤通信

## 一、光纤通信的优点

光纤是人们熟悉的电磁波，其波长在微米级，相对应的频率非常高（$10^{14}$ ~ $10^{15}$Hz），因此它特别适于作宽带信号的载频。目前，光纤通信使用的波长范围为0.8 ~ 1.8μm。

光纤通信已经是各种通信网的主要传输方式，光纤通信在信息高速公路的建设中扮演着至关重要的角色。欧美一些发达国家已经赋予了光纤通信在国家发展中的战略地位。现在光纤的使用已经不只限于陆地，光纤已广泛铺设到了大西洋、太平洋海底，这些海底光缆使得全球通信变得非常简单快捷。现在不少发达国家又把光缆铺设到了住宅前，实现了光纤到办公室、光纤到家庭。光纤通信技术之所以发展这样迅速，除了人们日益增长的信息传输和交换需要外，主要是由光纤通信本身所具有的以下优点决定的。

光波频率很高，可供利用的频带很宽。尤其适合高速宽带信息的传输，在未来的高速通信干线，以及宽带综合服务通信网络中，更能发挥作用。

光纤的损耗很低。可以大大增加通信距离。这对长途干线通信、海底光缆通信十分有利，在采用先进的相干通信技术、光放大技术和孤子通信技术之后，通信距离可提高到几百千米甚至上千千米。

光纤抗电磁干扰能力很强。这对于电气铁道和高压电力线附近的通信极为有利，也不怕雷击和其他工业设备的电磁干扰，光纤系统也没有发生电火花的危险，因此在一些要求防爆的场合使用光纤通信是十分安全的。

光纤内传播的光能几乎不会向外辐射。因此很难被窃听，也不存在光缆中各根光纤之间信号串扰。

在运用频带内，光纤对每一频率成分的损耗几乎是一样的。因此在中继站和接收端只需采取简单的均衡措施就可以，甚至可以不加均衡措施。

光纤是电的绝缘体。因此通信线路的输入端和输出端是电绝缘的，这就没有电位差和接地的问题。同时还有抗核辐射能力。

光纤的原材料是石英。来源十分丰富，可以说是取之不尽。另外光缆质量轻，便于敷设和架设。

## 二、光纤通信系统的基本组成

光纤通信系统是以光为载波、以光纤为传输介质的通信系统，可以传输数字信号，也可以传输模拟信号。用户要传输的信息多种多样，一般有话音、图像、数据或多媒体信息。为叙述方便，这里仅以数字电话和模拟电视为例简要介绍一下光纤通信系统的组成。

信息源把用户信息转换为原始电信号，这种信号称为基带信号。电发射机把基带信号转换为适合信道传输的信号，这个转换如果需要调制，则其输出信号称为已调信号。例如，对于数字电话传输，电话机把话音转换为频率范围为0.3 ~ 3.4kHz 的模拟基带信号，电发射机把这种模拟信号转换为数字信号，并把多路数字信号组合在一起。模 / 数转换普遍采用脉冲编码调制（Pulse-code modulation，PCM）方式实现。一路话音转换成传输速率为 64kbit/s 的数字信号，然后用数字复接器把 30 路 PCM 信号组合成 2.048Mbit/s 的一次群甚至高次群的数字系列，最后把这种已调信号输入光发射机。还可以采用频分复用技术，用来把不同信息源的模拟基带信号（或数字基带信号）分别调制成指定的不同频率的射频（Radio Frequency，RF）电波，然后把多个这种带有信息的 RF 信号组合成多路宽带信号，最后输入光发射机，由光载波进行传输。在这个过程中，受调制的 RF 电波称为副载波，这种采用频分复用的多路信号传输技术，称为副载波复用（Supply Chain Management，SCM）。

不管是数字系统，还是模拟系统，输入到光发射机带有信息的电信号，都通过调制转换为光信号。光载波经过光纤线路传输到接收端，再由光接收机把光信号转换为电信号。电接收机的功能和电发射机的功能相反，它把接收的电信号转换为基带信号，最后由信息宿恢复用户信息。

在整个通信系统中，在光发射机之前和光接收机之后的电信号段，光纤通信所用的技术和设备与电缆通信相同，不同的只是由光发射机、光纤线路和光接收机所组成的基本光纤传输系统代替了电缆传输。光纤可以传输数字信号，也可以传输模拟信号。光纤通信在通信网、广播电视网、计算机局域网和广域网、综合业务光纤接入网以及在其他数据传输系统中，都得到了广泛应用。

## 三、光源和光检测器

光纤通信系统中采用的光源主要有半导体激光器和半导体发光二极管两种。

光纤通信对光源的要求很高，首先是输出功率要大，发光峰值波长要适应光纤的要求，频率响应要宽或码速要高，另外还要求输出光谱窄、辐射角小，最后还要求体积小、寿命长、成本低。

半导体砷化镓（GaAs）材料的发现，对于光纤通信用的光源起了决定性作用。目前光纤通信用的光源已从单纯的 GaAs 构成的光源发展成双异质结的光源，以及利用光栅式结构的新型分布反馈型激光器（Distributed Feedback Laser，DFB），其性能有了很大改善。调制带宽已可做到几个 GHz 以上。

半导体激光器的特点是单色性好、相干性好、方向性强。特别是发射角小的特点对光纤通信特别有用。长距离的光纤通信系统光源一定要用较强光功率的半导体激光器，高速率的系统也一定是用此类激光器。

激光器技术正在进一步向前发展，可调谐半导体激光器也正在开发。发光二极管的特点是线性好，受温度影响小，发出的光谱较宽。另一方面，发光二极管发光功率小、方向性差，因而目前主要用在短距离光纤通信中。

发光的基本原理：在研究电子和光之间的相互作用时，可以发现有三种不同的基本过程，即光的自发辐射、光的受激吸收和光的受激辐射，这就是半导体激光器的基本工作原理。

## 四、光端机

光发送机与光接收机统称为光端机。光纤通信系统主要包括光纤（光缆）和光端机。每一部光端机又包括光发送机和光接收机两部分，通信距离长时还要加光中继器。光发送机完成电光转换，光接收机完成光电转换，光纤实现光信号的传输，光中继器延长通信距离。

### （一）光发送机的组成

数字光发送机的基本组成包括均衡放大、码型变换、复用、扰码、时钟提取、光源、光源的调制电路、光源的控制电路及光源的监测和保护电路等。

均衡放大：补偿由电缆传输所产生的衰减和畸变。

码型变换：将 HDB3（High Density Bipolar of Order 3 code）码或 CMI（Coded Mark Inversion ode）码变换为 NRZ（Non-Return-to-Zero ode）码。

复用：用一个大传输信道同时传送多个低速信号的过程。

扰码：使信号达到“0”“1”等概率出现，利于时钟提取。

时钟提取：提取 PCM 中的时钟信号，供给其他电路使用。

调制（驱动）电路：完成电光变换任务。

光源：产生作为光载波的光信号。

温度控制和功率控制：稳定工作温度和输出的平均光功率。

其他保护、监测电路：如光源过电流保护电路、无光告警电路、LD 偏流（寿命）告警等。

### （二）光接收机

1. 光接收机作用

光接收机作用是将光纤传输后的幅度被衰减的、波形产生畸变的、微弱的光信号变换为电信号，并对电信号进行放大、整形、再生后，再生成与发送端相同的电信号，输入到电接收端机，并且用自动增益控制电路保证稳定的输出。光接收机中的关键器件是半导体光检测器，它和接收机中的前置放大器合称光接收机前端。前端性能是决定光接收机的主要因素。

光电检测器将光信号变换为电信号。

前置放大器作用是将光信号转变的电信号进行放大。

主放大器的作用主要是提供足够高的增益，将来自前置放大器的输出信号放大到判决电路所需的信号电平。

均衡器的作用是对已畸变（失真）和有码间干扰的电信号进行均衡补偿，减小误码率。

自动增益控制的作用是增加了光接收机的动态范围，使光接收机的输出保持恒定。

再生电路的任务是将放大器输出的余弦波形恢复成数字信号。

时钟提取：提取PCM中的时钟信号，供给其他电路使用。

2. 光电集成接收机

为了适合高传输速率的需求，人们一直在努力开发而且已实现单片光接收机，即用“光电集成电路技术”在同一芯片上集成包括光检查器在内的全部元件。

3. 噪声特性

光接收机的噪声有两部分：一部分是外部电磁干扰产生的，这部分噪声可以通过屏蔽或滤波加以消除；另一部分是内部产生的，这部分噪声是在信号检测和放大过程中引入的随机噪声，只能通过器件的选择和电路的设计与制造尽可能减小，一般不可能完全消除。

光接收机噪声的主要来源是光检测器的噪声和前置放大器的噪声。因为前置级输入的是微弱信号，其噪声对输出信噪比影响很大，而主放大器输入的是经前置级放大的信号，只要前置级增益足够大，主放大器引入的噪声就可以忽略。

## 五、光纤通信新技术

### （一）光放大器

光放大器有半导体光放大器和光纤放大器两种类型。半导体光放大器的优点是小型化，容易与其他半导体器件集成；缺点是性能与光偏振方向有关，器件与光纤的耦合损耗大。光纤放大器的性能与光偏振方向无关，器件与光纤的耦合损耗很小，因而得到广泛应用。

### （二）光波分复用技术

随着人类社会信息时代的到来，对通信的需求呈现加速增长的趋势。发展迅速的各种新型业务（特别是高速数据和视频业务）对通信网的带宽（或容量）提出了更高的要求。为了适应通信网传输容量的不断增长和满足网络交互性、灵活性的要求，产生了各种复用技术。在光纤通信系统中，出现的复用技术有光波分复用、光时分复用、光频分复用、光码分复用以及副载波复用技术。

# 第四节　电力系统无线通信

电力系统无线通信包括微波通信和卫星通信。

## 一、微波通信

微波是指频率在300MHz ~ 300GHz范围内的电磁波。常用的范围是1 ~ 40GHz。数字微波通信是指利用微波（射频）作载波携带数字信息，通过无线电波空间进行中继（接力）的通信方式。目前使用较多的频段是2GHz、4GHz、6GHz、7GHz、8GHz和11GHz。微波通信是无线通信的一种方式。进行无线通信，发信端需把待传信息转换成无线电信号，依靠无线电波在空间传播；收信端需把无线电信号还原出发信端所传信息。

### （一）微波的基本特性

微波具有以下基本特性：

1. 似光性

微波的波长范围为0.1mm ~ 1m，这样短的波长与地球上的物体（如飞机、舰船、建筑物）的尺寸相比小得多，不属于同一个数量级。故当微波照射到这些物体上时将产生强烈的反射。雷达就是依据这一原理制成的。微波的这种直线传播特性与光线的传播特性相似，所以称微波具有“似光性”。利用这一特性可实现无线电定位，也正因为这一特性，超视距微波通信必须依靠中继站。

2. 高频性

微波的振荡周期为$10^{-7}$ ~ $10^{-13}$s，这样短的时间已同普通电真空器件中电子的渡越时间属同一个数量级。因此，普通电子管已不能用于微波振荡、放大与检波，而必须采用新原理设计制造的微波器件，如磁控管、行波管等。同时，由于频率高、频率范围大，因此频带宽、信息容量大、大信息量的无线传输大多采用微波进行。

3. 穿透性

微波照射到介质时具有良好的穿透性，云、雾、雪等对微波的传播影响小，这为微波遥感和全天候通信奠定了基础，同时，1 ~ 10GHz、20 ~ 30GHz、91GHz 附近波段的微波受电离层影响较小，从而成为人类探测太空的“宇宙之窗”，为射电天文学、卫星通信、卫星遥感提供了宝贵的无线电通道。

4. 散射性

黑夜中探照灯光可形成一根明亮的光束，在侧面，在灯光没有直接照射到的地方依然可以看到这束光线，这就是光的散射现象。微波也具有相同的散射特性，利用这一特性，可进行远距离微波散射通信，也可根据散射特性进行微波遥感。

5. 抗干扰性

由于微波频率很高，一般自然界和电气设备产生的人为电磁干扰频率与其差别很大，因此基本上不会影响微波通信，抗干扰能力强。

6. 热效应

当微波在有耗介质中传播时，会使介质分子相互碰撞、摩擦从而使介质发热，微波炉就是利用这一效应制成的，同时，这一效应也成为有效理疗方式的微波医学基础。

综上所述，由于微波频率很高、频带很宽，因此利用微波进行通信具有频带宽、信息传输量大、抗自然和人为干扰能力强等优点，从而使微波通信得到了越来越广泛的应用。微波无线传输按照具体工作方式可分为微波视距通信、微波超视距接力通信等。

## （二）微波通信系统组成与收、发信设施

1. 数字微波通信系统的组成

一条数字微波通信线路由两端的终端站和若干个中间站构成。现以微波通信用于长途电话传输时，系统的简单工作原理为例加以说明。电话机相当于甲地的用户终端（即信源），人们讲话的声音通过电话机送话器的声 / 电转换，变成电信号，再经过市内电话局的交换机，将电信号送到甲地的长途电话局或微波端站。经时分复用设备完成信源编码和信道编码，并在微波信道机（包括调

制机和微波发信机）上完成调制、变频和放大作用。微波已调波信号经过中继站转发，到达乙地的长途电话局或微波端站。乙地（收端）与甲地对应的设备，其功能与作用正好相反。而用户终端（信宿）是电话机的受话器，并完成电 / 声转换。

2. 发信设施与收信设施

从目前的数字微波通信设施来看，分为直接调制式发信机（使用微波调相器）和变频式发信机。中小容量的数字微波（480 路以下）设施可采用直接调制式发信机。而中大容量的数字微波设施大多采用变频式发信机，这是因为这种发信机的数字基带信号调制是在中频上实现的，可得到较好的调制特性和较好的设备兼容性。

由调制机或发信机送来的中频已调信号经发信机的中频放大器放大后，送到发信混频器，经发信混频，将中频已调信号变为微波已调信号，由单向器和滤波器取出混频后的一个边带（上边带或下边带），由功率放大器把微波一条信号放大到额定电平，从分路滤波器送往天线。微波功放及输出功放多采用场效应晶体管功率放大器。为了保证末级功放的线性工作范围，避免过大的非线性失真，常用自动电平控制电路，使输出维持在一个合适的电平。

数字微波通信的收信设施和解调设施组成了收信系统，这里所讲的收信设施只包括射频和中频两个部分。收信设施是一个有空间分集接收的收信设施，分别来自上天线和下天线的直射波和以各种途径（多径传播）到达接收点的电波，经过两个相同的信道，即带通滤波器、低噪声放大器、抑镜滤波器、收信混频器和前置中放，然后进行合成，再经主中频放大器后输出中频已调信号。下天线的本机振荡源由中频检出电路的控制电压对移相器进行相位控制，以便抵消上、下天线收到多径传播的干涉波（反射波和折射波），改善带内失真，获得更好的抗多径衰落效果。为了进一步改善因多径衰落造成的带内失真，数字微波收信设施中还要加入中频自适应均衡器，它与空间分集技术配合，可最大限度地减少通信中断时间。由于这种放大器频带宽，所以其输出信号的频率范围很宽。因此在它的前面要加带通滤波器，其输出要加装抑制镜像干扰的抑镜滤波器，要求对镜像频率噪声抑制在 13 ～ 20dB。

## （三）同步数字系列微波通信系统

随着电信技术的进步和发展，同步数字系列（Synchronous Digital Hierarchy，SDH）已成为新一代数字传输体制。SDH 体制具有传输容量大、组网灵活、长途传输质量高等优点，应用日益广泛，在微波通信系统中备受青睐。它不仅可以用于光纤通信系统中，而且还可以运用于微波通信、卫星通信之中，从而可建立一个全新的 SDH 微波、卫星通信网络。现在电力系统通信上的微波通信系统都是 SDH 微波通信系统。SDH 微波通信系统兼有 SDH 体制与微波通信两者的优点。

SDH 是有关通过物理的传输网络传送适配的净荷的标准化数字传送结构的一个系列集。SDH 可以将 PDH 的两种不同体制或者说三种不同地区性同步数字系列在 STM-1 上进行兼容，实现了高速率数字传输的世界统一标准。从 STM-1 向上采用同步复接方式，简化了复接过程，同时可以改善抖动性能。

1.SDH 微波通信系统组成

一个完整的长途传输的微波接力通信系统由终端站、枢纽站、分路站及若干中继站所组成。一个微波通信系统，一般要开通多对收、发信波道。因此，系统的传输速率一般为基本传输速率，这里讲的基本传输速率是指 SDH 设备的输出速率。

（1）终端站

处于线路两端或分支线路终点的站称为终端站。对向若干方向辐射的枢纽站，就其某个方向上的站来说也是终端站。在此站可上、下全部支路信号，可配备 SDH 数字微波的（ADM）或（TM）设备，可作为集中监控站或主站。

（2）枢纽站

枢纽站一般处在长途干线上（一、二级），需要完成数个方向的通信任务。在系统多波道工作时要完成 STM-N 信号的复接与分接，部分支路的转接和上、下话路，也有某些波道信号需再生后继续传输。因此，这一类站上的设备门类多，包括各种站型设备，一般作为监控系统主站。

（3）分路站

在长途线路中间，除了可以在本站上、下某收、发信波道的部分支路外，还可以沟通干线上两个方向之间通信的站称为分路站。在此类站，也有部分波道的信号需再生后继续传输，因此这种站应配备 SDH 的传输设备及分插复用设备

ADM，或多套再生中继设备，可作为监控系统主站或受控站。

（4）中继站

在线路中间，不上、下话路的中间站称为中继站。它对已收到的已调信号进行解调、判决、再生。转发至下一方向的调制前，经过再生去掉干扰、噪声，以此体现数字通信的优越性。此种站不设置倒换设备，应有站间公务联络和无人值守功能。

2.SDH 微波的综合应用

尽管光纤传输网在容量方面有微波无法比拟的优点，但不管是通信干线上还是支线上，SDH 微波网仍然是光纤网不可缺少的补充和保护手段。其主要应用有以下几种方式：

（1）用 SDH 微波系统使光纤通信网形成闭合环路。

（2）与 SDH 光纤系统串联使用。

（3）作为 SDH 光纤网的保护，以解决整个通信网的安全保护问题。

（4）自成链路或环路。

这样，借助于数字微波通信手段，可在进行通信工程设计、建设过程中，充分考虑已有系统的再利用以及不同型号设备兼容问题，使设计系统不仅具有光纤级传输性能及全面的网络管理功能，还包括一个开放的系统结构，能方便地实现不同型号的 ADM 之间的切换和交叉互连。

## 二、电力系统卫星通信

卫星通信是在微波中继通信的基础上发展起来的。它是利用人造地球卫星作为中继站来转发无线电波，从而进行两个或多个地面站之间的通信。卫星通信具有传输距离远、覆盖面积大、通信容量大、用途广、通信质量好、抗破坏能力强等优点。一颗通信卫星总通信容量可实现上万路双向电话和十几路彩色电视的传输。卫星通信工作在微波波段，与地面的微波接力通信类似，卫星通信则利用高空卫星进行接力通信。

轨道通信卫星是运行在赤道上空约 36000km 的同步卫星。位于印度洋、大西洋、太平洋上空的三颗同步卫星，基本可覆盖全球。但因卫星的高度太高，故要求地面站发射机有强大的发射功率，接收灵敏度要高，天线增益要高。低轨道通信卫星是运行在 500 ~ 1500km 上空的非同步卫星，一般采用多颗小型卫星组成一个星形网。若能做到在世界任何地方的上空都能看到其中一颗卫星，则通过星际通信可覆盖全球。低轨道通信卫星主要用于移动通信和全球定位系统。

卫星通信是现代通信技术、航空航天技术、计算机技术结合的重要成果。近年来，卫星通信在国际通信、国内通信、国防、移动通信以及广播电视等领域，得到了广泛应用。卫星通信之所以成为强有力的现代通信手段之一，是因为它具有频带宽、容量大、适于多种业务、覆盖能力强、性能稳定、不受地理条件限制、成本与通信距离无关等特点。

## （一）卫星通信的特点

1. 通信距离远，通信成本与距离无关

由于卫星在离地面几百、几千、几万千米的高度，因此在卫星能覆盖到的范围内，通信成本与距离无关。以地球静止卫星来看，卫星离地约 36000km，1 颗卫星几乎覆盖地球的 1/3，利用它可以实现最大通信距离约为 18000km，地球站的建设成本与距离无关。如果采用地球静止卫星，只要 3 颗就可以基本实现全球的覆盖。

2. 以广播方式工作，便于实现多址连接

卫星通信系统类似于一个多发射台的广播系统，每个有发射机的地球站都可以发射信号，在卫星覆盖区内可以收到所有广播信号。因此只要同时具有收发信机，就可以在几个地球站之间建立通信连接，提供了灵活的组网方式。

3. 通信容量大，传送的业务种类多

由于卫星采用的射频频率在微波波段，可供使用的频带宽，加上太阳能技术和卫星转发器功率越来越大，随着新体制、新技术的不断发展，卫星通信容量越来越大，传输的业务类型越来越多。

## （二）卫星通信系统的基本组成

卫星通信系统包括以下几个部分。

1. 控制与管理系统

它是保证卫星通信系统正常运行的重要组成部分。它的任务是对卫星进行跟踪测量，控制其准确进入轨道上的指定位置，卫星正常运行后，需定期对卫星进行轨道修正和位置保持。在卫星业务开通前、后进行通信性能的监测和控制，例如对卫星转发器功率、卫星天线增益以及地球站发射功率、射频频率和带宽等基本通信参数进行监控，以保证正常通信。

2. 星上系统

通信卫星内的主体是通信装置，其保障部分则有星体上的遥测指令、控制系统和能源装置等。通信卫星的主要作用是无线电中继，星上通信装置包括转发器和天线。1 个通信卫星可以包括 1 个或多个转发器，每个转发器能同时接收和转发多个地球站的信号。

3. 地球站

地球站是卫星通信的地面部分，用户通过它们接入卫星线路，进行通信。地球站一般包括天线、馈线设备、发射设备、接收设备、信道终端设备、天线跟踪伺服设备、电源设备。

### （三）同步卫星通信系统

同步卫星通信系统是利用定位在地球同步轨道上的卫星进行通信的卫星通信系统，原则上只要 3 颗同步卫星就可以基本覆盖地球。

同步卫星通信系统的组成包括同步卫星、地球站和控制中心。其中同步卫星的组成包括卫星天线分系统、控制分系统、卫星转发器、电源分系统、跟踪遥测指令分系统。

1. 卫星天线分系统

卫星天线有两类：遥测指令天线和通信天线。遥测指令天线通常采用全向天线；通信天线按其波束覆盖区大小可分为全球波束天线、点波束天线、区域（赋形）波束天线。

2. 卫星通信分系统

卫星通信分系统是通信卫星的核心部分。它包括各种转发器。转发器的功能是将接收到的地球站的信号放大，然后通过下行变频发射出去。转发器按照变频的方式和传输信号形式的不同可分为三种，即单变频转发器、双变频转发器和星上处理转发器。

（1）单变频转发器

这种转发器将接收到的信号直接放大，然后变频为下行频率，最后经功放输出到天线发射给地球站。这种转发器适用于载波数多、通信容量大的多址连接系统。

（2）双变频转发器

双变频转发器先将接收到的信号变换到中频，经限幅后，再变换为下行频率，最后经功放由天线发给地球站。双变频方式的优点是转发增益高，电路工作稳定；缺点是中频带宽窄，不适合于多载波工作。它适用于通信容量不大、所需带宽较窄的通信系统。

（3）星上处理转发器

星上处理包括两类，一类是对数字信号进行解调再生，消除噪声积累；另一类是进行其他更高级的信号变换和处理，如上行频分多址变为下行时分多址等。

3. 卫星电源分系统

为了保证卫星的工作时间必须有充足的能源，卫星上的能源主要来源有两部分：太阳能和蓄电池。当有光照时使用太阳能，并对蓄电池进行充电；当光照不到时采用蓄电池。卫星电源分系统必须提供给其他分系统稳定可靠的电源使用，并且保持不间断供电。

4. 跟踪遥测指令分系统

该系统包括遥测和指令两大部分，此外还有应用于卫星跟踪的信标发射设备。遥测设备用各种传感器不断测得有关卫星的姿态及星内各部分工作状态的数据，并将这些信息发给地面的控制中心。控制中心根据接收到的卫星的遥测信息进行分析和处理，然后发给卫星相应的控制指令。卫星接收到指令后，先存储然后通过遥测设备发回控制中心校对，当收到指令无误后，才将存储的指令发送到控制分系统执行。

5. 控制分系统

控制分系统由一系列机械或电子的可控调整装置构成，完成对卫星的姿态、轨道、工作状态的调整。

# 第五节 电力系统数据通信

## 一、数据通信基本介绍

消息一般是用数据来表示的，而表示消息的数据通常要把它转变为信号进行传递。信号是消息（或数据）的一种电磁表示方法，信号中包含了所要传递的消息。信号一般以时间为自变量，以表示消息（或数据）的某个参量（如振幅、频率或相位）为因变量。信号按其因变量的取值是否连续，可分为模拟信号和数字信号。

模拟信号是指信号的因变量完全随连续消息的变化而变化的信号。模拟信号的自变量可以是连续的，也可以是离散的，但其因变量一定是连续的，电视图像信号、语音信号、温度压力传感器的输出信号以及许多遥感遥测信号都是模拟信号；脉冲振幅调制信号、脉冲相位调制信号以及脉冲宽度调制信号等也属于模拟信号。

数字信号是指表示消息的因变量是离散的，自变量时间的取值也是离散的信号，通常表示为 x（nT），数字信号的因变量的状态是有限的。计算机数据、数字电话和数字电视等都是数字信号。虽然模拟信号与数字信号有着明显的区别，但两者之间并不存在不可逾越的鸿沟，在一定条件下它们是可以相互转化的。模拟信号可以通过抽样、编码等步骤变成数字信号；而数字信号也可以通过解码、平滑等步骤恢复模拟信号。

既然信号可分为模拟信号和数字信号，与之相对应的，通信也可以分为模拟通信和数字通信。模拟通信通常是利用模拟信号来传递信息；而数字通信则是利用数字信号来传递信息。按传送模拟信号而设计的通信系统称为模拟通信系统；按传送数字信号而设计的通信系统称为数字通信系统。

近年来，数字通信无论在理论上还是在技术上都有了突飞猛进的发展。数字通信和模拟通信相比，具有抗干扰能力强、可以再生中继、便于加密、易于集成化等一系列优点。另外，各种通信业务，无论是话音、电报，还是数据、图像等信号，经过数字化后都可以在数字通信网中传输、交换并进行处理，这就更显示出数字通信的优越性。

数字通信的主要特点如下：

一是抗干扰能力强。

二是可实现高质量的远距离通信。

三是能适应各种通信业务。

四是能实现高保密通信。

五是通信设备的集成化和微型化。

## 二、信号传输模式

数字信号的传输，从方式上来分，有串行传输和并行传输；从类型上来分，有异步传输和同步传输。

### （一）串行传输与并行传输

在串行传输中，一次只传送一个二进制（即比特 bit），按照数据所包含的比特位的顺序依次传送，到达终点后，再由通行接收装置将其还原成数据。并行传送是以字符为单位，一次传送一个字节（1B=8bit），因而并行传输比串行传输速度快得多。计算机网络中大多采用的是串行传输。

### （二）异步传输与同步传输

在串行数据传送中的一个重要因素是数据发送的定时和数据接收的定时。接收方必须制订它所接收的每一位的开始时间和持续时间。

异步传输和同步传输都能满足这一要求。最早和最简单的方法是异步传输，但是这种方法速率低。用这种方法传输，每个字符是相对独立传送的，为了防止发送方和接收方的时钟漂移，它们的时钟必须同步。一种方法是在发送方和接收方之间提供一条单独的时钟线，也可以把时钟信息放入数据信息中。对于数字信号，可以用曼彻斯特编码完成，对模拟信号，可以根据载波频率的相位来与接收方同步。

### （三）基带与宽带（频带）通信

基带传输采用数字信号发送，传输介质的全部频带被单个信号占用，是一种双向传输，适用于总线拓扑结构，可达几千米长度。

宽带传输采用模拟信号发送，需要无线电频率调制，可采用频分复用技术，得到多个数据通道及音频、视频通道；它是一种单向传输，适用于总线或树拓扑，可达几十千米长度。电视信号采用的就是宽带传输。

## 三、分组交换网

数据交换网是由互相连接的节点和传输链路构成的。数据从始节点经由网络传输到终节点。在始节点到终节点的路由上，各节点需要对数据进行交换。数据交换的方式，可以分为电路交换、报文交换和分组交换。

分组交换除吞吐量较高外，还提供一定程度的差错检测和代码转换能力。所以，计算机网络常常使用分组交换技术，偶尔才使用电路交换技术，但绝不会使用报文交换技术。

分组交换技术是报文交换技术的改进。在分组交换网中，用户的数据划分为一个个分组，而且分组的大小有严格的上限，这样使得分组可以被缓存在交换设备的内存而不是磁盘中。同时，由于分组交换网能保证任何用户都不能长时间独占某传输线路，因而它非常适合于交互式通信。

在具有多个分组的报文中，中间交换机在接收第二个分组之前，就可以转发已经收到的第一个分组，即各个分组可以同时在各个节点之间传送，这样减少了传输延迟，提高了网络的吞吐量。

当然分组交换也有许多问题，比如拥塞、报文分片和重组等。如果分组长度过短，附加的地址字段和控制字段所占的比例过大，就会造成系统的运行效率降低。如果它取得过长，则由于出错重发而造成系统的吞吐量降低。分组长度存在一个最佳值，该值的选择取决于差错控制的方法和所用的控制比特的数量。

## 四、数字数据网

数字数据网（Digital Date Network，DDN）是利用数字信道传输数据信号的数据网，它利用光纤、数字微波或卫星等数字传输通道和数字交叉复用设备组成的数字数据传输网，可以为用户提供各种速率的高质量数字专用电路和其他新业务，以满足用户多媒体通信和组建中高速计算机通信网的需要。

DDN 主要由六个部分组成：光纤或数字微波通信系统；智能节点或集线器设备；网络管理系统；数据电路终端设备；用户环路；用户端计算机或终端设备。

DDN 的主要作用是向用户提供永久性和半永久性连接的数字数据传输信道，既可用于计算机之间的通信，也可用于传送数字化传真、数字话音、数字图像信号或其他数字化信号。永久性连接的数字数据传输信道是指用户间建立固定连接，传输速率不变地独占带宽电路。半永久性连接的数字数据传输信道对用户来说是非交换性的。但用户可提出申请，由网络管理人员对其提出的传输速率、传输数据的目的地和传输路由进行修改。网络经营者向广大用户提供了灵活方便的数字电路出租业务，供各行业构成自己的专用网。

DDN 提供半固定连接的专用电路，是面向所有专线用户或专网用户的基础电信网，可为专线用户提供高速、点到点的数字传输。DDN 本身是一种数据传输网，支持任何通信协议，使用何种协议由用户决定。所谓半固定是指根据用户需要临时建立的一种固定连接。对用户来说，专线申请之后，连接就已完成，且连接信道的数据传输速率、路由及所用的网络协议等随时可根据需要申请改变。

## 五、ATM 通信网

异步传输模式（Asynchronous Transfer Mode，ATM）是一种较新型的单元交换技术，同以太网、令牌环网、高速光纤环网（Fiber Distributed Data Interface，FDDI）等使用可变长度包技术不同，ATM 使用 53B 固定长度的单元进行交换。它是一种交换技术，它没有共享介质或包传递带来的延时，非常适合音频和视频数据的传输。

ATM 有以下优点。

第一，ATM 使用相同的数据单元，可实现广域网和局域网的无缝连接。

第二，ATM 支持虚拟局域网（Virtual Local Area Network，VLAN）功能，可以对网络进行灵活的管理和配置。

第三，ATM 具有不同的速率，分别为 25Mbit/s、51Mbit/s、155Mbit/s 和 622Mbit/s，从而为不同的应用提供不同的速率。

通过 ATM 技术可完成企业总部与各办事处及公司分部的局域网互联，从而实现公司内部数据传送、企业邮件服务、话音服务，等等，并通过上联 Internet 实现电子商务等应用。同时由于 ATM 采用统计复用技术，且接入带宽突破原有的 2Mbit/s，达到 2 ~ 155Mbit/s，因此适合高带宽、低延时或高数据突发等应用。

# 第三章
# 电力工程施工技术

## 第一节　送电工程项目施工技术

### 一、概述

（一）架空电力线路的特点

发电厂发出的电能，通过架空电力线路或电缆线路输送到负荷中心或用户。架空电力线路分为配电线路和送电线路，一般将电压在 10kV 及以下的线路称为配电线路，电压在 35kV 及以上的线路称为送电线路（或称为输电线路）。电缆线路是将电缆敷设在地下或敷设在电缆隧洞的排架上。架空电力线路或电缆线路相比较，具有以下特点：

第一，架空电力线路材料简单，便于加工制造。结构较为简单，便于施工安装。

第二，架空电力线路为露天装置，便于巡视、检查和维修。一旦有事故，处理起来较快，从而减少停电时间和电量损失。

第三，架空电力线路因为要保持对建筑物和地面的安全距离，所以占地面积较大。线路易遭受雷击、自然灾害和外力破坏。线路对电台、雷达、通信线等弱电设施干扰影响较大。

### （二）线路的电压等级

电压等级越高，输送的距离越远，电压等级越高，输送的容量就越大。我国的配电线路的电压等级有交流380/220V、10kV。送电线路的电压等级有交流35kV、110kV、220kV、330kV、500kV、750kV和1000kV，还有直流±400kV、±500kV、±660kV和±800kV。

### （三）线路的组成

其主要组成部分有避雷线、导线、金具、绝缘子、电杆、基础、防振锤。

## 二、线路复测分坑

复测的内容和方法如下：

第一，以相邻两直线桩为基准，用正倒镜分中法检查杆塔中心桩，若发现杆塔中心桩偏移，应将中心桩移正，其横线路方向偏差不大于50mm。

第二，用经纬仪视距法复核档距，其误差不大于设计档距的1%。

第三，用方向法复测线路转角值，对设计值的偏差应不大于1′30″。

第四，对地形变化较大和杆塔位间有跨越物时，应复测杆塔中心桩处、地形凸起点及被跨越物的标高，对设计值的误差应不超过0.5m。

第五，当线路有两个及以上标段时，必须复测到相邻标段的直线杆塔位至少两基或交到转角桩上。

## 三、杆塔基础施工

### （一）预制基础施工

1. 预制基础尺寸允许误差

预制基础是按设计图纸的要求，在预制厂集中加工，然后运到施工现场进行装配埋入基础坑内。电杆基础的底盘、卡盘和拉线盘（通常简称为三盘）等钢筋混凝土预制构件的加工尺寸允许偏差应符合规定，并应保证构件与构件之间、构件与铁件及螺栓间安装方便。预制构件不得有纵向裂缝，其横向裂缝宽度不得超过0.05mm。

2. 电杆预制基础安装

（1）底盘的安装

底盘的安装通常采用吊盘法和滑盘法。吊盘法在基础坑口正上方安置一个三脚架，用滑轮和牵引钢绳以人力徐徐将底盘吊起放入坑内。滑盘法是沿坑壁斜放两根木杠，将底盘用绳索拽住缓缓沿木杠滑下，待底盘滑到坑底后将木杠抽出，底盘恰好平放在坑底。

（2）卡盘的安装

卡盘是在电杆立好后再安装。坑内两个卡盘，第一块卡盘安装在底盘上面，一般是以横线路方向安装，第二块卡盘一般安装在电杆埋深的 1/3 处，一般顺线路方向安装，安装时下面的回填土要夯实。卡盘安装应与电杆连接牢固，符合设计图纸的要求，其安置深度误差应不超过 ±50mm。

（3）拉线盘的安装

用滑盘法将拉线盘沿木杠徐徐放入坑底，再将拉线棒和拉线盘组装连接。拉线盘斜放在坑底，盘面与拉线棒成 90°。

3. 预制基础安装注意事项

（1）钢筋混凝土底座、枕条、立柱等，在组装时不得敲打、强行组装。基础安装后四周填土夯实。

（2）立柱倾斜时容许用热镀锌铁垫块调正，但每处不超过 2 个，总厚度不超过 5mm。调正后立柱倾斜应不超过立柱高的 1%。

（3）预制基础的金属部件均需采取热镀锌或涂刷环氧沥青漆等防腐措施。立柱与底座、立柱顶部与铁塔脚需浇注混凝土保护帽，其强度不应低于立柱混凝土强度，并按规定进行养护。回填土前应将接缝处用热沥青或其他防水涂料涂刷。

## （二）现浇混凝土基础施工

1. 混凝土的强度

混凝土是由水泥、石子、砂和水经过拌和后硬化而成的。混凝土具有质地坚硬、抗压性能好等优点。混凝土抗压强度等级采用符号 C 与立方体抗压强度标准值（以 $N/mm^2$ 计）表示。现浇基础的混凝土有 C20、C25、C30 等强度等级，保护帽或垫层一般用 C10 或 C15 强度等级的混凝土。

混凝土强度的确定方法，是将搅拌好的混凝土注入一个可拆卸的边长为 150

mm 的立方体铁模盒内捣实，按规定的条件养护 28 天后，拆模取出混凝土块，叫做试块。一般三块为一组，对试块进行抗压试验得出的平均值即为混凝土的强度。

2. 混凝土的原材料

（1）水泥

水泥的种类有：硅酸盐水泥、普通硅酸盐水泥、矿渣硅酸盐水泥、火山灰质硅酸盐水泥、粉煤灰硅酸盐水泥、复合硅酸盐水泥。

水泥的强度等级为 MPa（兆帕）。硅酸盐水泥的强度等级为 42.5、42.5R、52.5、52.5R、62.5、62.5R 六个等级。普通硅酸盐水泥的强度等级为 42.5、42.5R、52.5、52.5R 四个等级。矿渣硅酸盐水泥、火山灰质硅酸盐水泥、粉煤灰硅酸盐水泥、复合硅酸盐水泥的强度等级为 32.5、32.5R、42.5、42.5R、52.5、52.5R 六个等级。

对水泥的质量要求：①配制混凝土所用的水泥，应根据工程设计图的要求选用。水泥的凝结时间、安定性和强度必须符合《通用硅酸盐水泥》（GB 175–2007）标准的要求。②水泥进场时，必须有质量证明书，并应对其品种、强度等级、包装、出厂日期进行检查验收。③采购的水泥应委托有资质的试验室抽样复检，合格者用于工程。复检报告应作为竣工移交资料的内容。④水泥出厂超过 3 个月，或未超过 3 个月，但因保管不善者，必须补做强度等级试验，按其试验结果的实际强度等级使用，并将受潮的结块剔除。

（2）砂

混凝土掺和的粒径在 0.15 ~ 5mm 的砂称为细骨料。一般用天然砂作为细骨料。对砂的质量要求：①混凝土用砂的质量应符合规定。每批砂均应经质量检验。②普通混凝土用砂以中砂为好，平均粒径为 0.35 ~ 0.5mm，且应颗粒清洁，其含泥量及泥块含量应符合规定。

（3）石子

混凝土中粒径大于 5mm 的石子称为粗骨料。一般用天然卵石或人工碎石作为粗骨料。钢筋混凝土基础一般用中石做粗骨料，素混凝土可以掺用粗石。对碎石或卵石的质量要求：①混凝土用碎石或卵石的质量应符合规定。每批石子均应经质量检验。②碎石或卵石的最大粒径不得大于结构截面最小尺寸的 1/4，同时不得大于钢筋间隔的 3/4。③碎石或卵石中的含泥量、泥块及针、片状颗粒含量应符合规定。

（4）混凝土搅拌和养护用水

①拌制混凝土宜用饮用水或清洁的河水、泉水。②不得使用泥水、污水、海水及其他有腐蚀性物质或含有油脂的工业废水。③对水质有怀疑时，应做化验。

（5）钢筋

用于混凝土的钢筋或其他钢材，应有出厂的检验合格证（含钢材的试验报告）。对钢材性能有怀疑或用户有特别要求时，还应抽样进行机械性能及化学成分分析（主要是碳、硫、磷含量）。

3. 混凝土的配合比

混凝土的配合比是指混凝土用料量的比例关系（重量比）。一般以水、水泥、砂、石来表示，并以水泥的基数为 1。通常根据工程设计的混凝土强度来确定混凝土的试配强度，根据混凝土的试配强度求出混凝土的配合比。对按该配合比搅拌成的混凝土进行强度试验，如满足设计强度则可用该配合比搅拌混凝土进行施工，否则重新试配。一般杆塔基础的混凝土试配强度可较工程设计的混凝土强度提高 15% ~ 20%。

4. 混凝土的坍落度

混凝土的坍落度是评价混凝土和易性及混凝土稀稠程度的指标。

混凝土坍落度的测定方法：用铁皮做一个上口直径 10cm、下口直径 20cm、高度 30cm 的圆锥形筒。测定时将筒放在铁板上，将拌和好的混凝土分 3 次倒入筒内，每一次用铁钎（长 50cm，直径 16cm，头磨圆）捣固 25 次，灌满后将溢出的混凝土刮平。然后把筒轻轻提起，这时混凝土就坍落下来而变矮了，用钢尺量得 h 值就是坍落度。量 3 次取其平均值。一般人工捣实的混凝土坍落度为 5 ~ 7cm，机械捣实的混凝土坍落度为 3 ~ 5cm。

5. 混凝土的现场浇制

（1）施工工序

钢筋混凝土的施工工序为：基坑开挖→钢筋骨架绑扎和安放→支模板→搅拌、浇注混凝土→混凝土养护→拆模→检查混凝土外观质量→回填土。

（2）支模板

在支模前应复核线路方向、档距及基础根开和对角线等尺寸，并平整坑底使之达到要求，在坑底画出坑中心位置，其误差不大于 10mm。现浇基础的模板一般由定型钢模板组合而成。模板安装要牢固、位置要正确，浇制前模板上要刷一层脱模剂，脱模剂一般用废机油加柴油混合而成，要避免脱模剂沾染到钢筋上。模板和钢筋之间要保证有一定的保护层距离。

（3）混凝土的浇制

搅拌混凝土、向模板内浇注混凝土、捣固混凝土，这三项工序互相连续不得中断。混凝土应尽量采用机械搅拌。人工搅拌常用“三三制”：先将砂和水泥倒在搅拌板上，反复干拌 3 次，使其颜色均匀；然后加规定用水量 80% 的水，搅拌 3 次，成水泥浆；最后将石子倒在水泥浆上，反复搅拌 3 次，并随搅随加入剩余 20% 的水，使材料拌和均匀，石子与水泥浆无分离现象，即可浇注。

6. 混凝土浇制的注意事项

（1）浇注前必须清除坑内积水。

（2）浇注的混凝土应分层捣固，尽量采用机械振捣。

（3）坍落度：每班日或每个基础至少检查 2 次；配合比：每班日或每个基础至少检查 2 次。以试块为依据，检查混凝土的强度是否达到设计强度。试块应在现场浇制地点制作，其养护条件与基础本体相同。

7. 混凝土的养护

混凝土在浇制完毕后 12h 开始养护（炎热有风的夏天 3h 开始养护）。养护的方法是将湿的草袋或稻草等覆盖在混凝土基础上，经常浇水保持湿润。养护一般不少于 5 昼夜。基础拆模回填后，对外露部分应继续覆盖浇水养护。当气温低于 5℃时，不得浇水养护。

基础混凝土养护达到一定强度后即可拆模。拆模时应注意不得使混凝土表面及棱角受到损坏。

8. 回填土

浇制的基础混凝土经检查合格后即可回填。回填时土坑每 300mm 夯实 1 次。在夯实过程中不得使基础移动或倾斜。水坑应排除坑内积水再回填。石坑一般按石与土 3 ∶ 1 的比例回填。回填土应该有高出地面 300mm 的防沉层。

9. 混凝土基础的冬期施工

当连续 5 天，室外平均气温低于 5℃时，混凝土基础工程应采取冬期施工措施。冬期混凝土浇制和养护有下列方法。

（1）预热法

冬期拌制混凝土时，采用将水和骨料加热的方法。混凝土入模温度不低于5℃。

（2）覆盖法

混凝土浇制完毕后，将其表面用棉被、草袋等覆盖。

（3）暖棚法

在基础坑上面搭设暖棚养护，坑内生火炉使棚内温度保持在10～20℃，并应保持混凝土表面湿润。

（4）掺用防冻剂

在混凝土搅拌时，加入一定量的防冻剂，使混凝土的早期强度增加。

混凝土基础拆模检查合格后应立即回填土。

## 四、钢筋混凝土电杆组立

钢筋混凝土杆（简称电杆）在起吊之前要在地面组装成整体，以便于起吊立杆。电杆的组装包括排杆、焊接、地面组装等工作。

### （一）电杆的排杆

将运输到现场的水泥杆段按施工图进行排列，为下一道工序焊接和组装创造条件。排杆时做到以下要求：

第一，检查运到现场的杆段规格是否符合施工图，并核对电杆的螺栓孔位置、方向是否与施工图相符。

第二，检查杆段外观质量，是否有蜂窝麻面、露筋、壁厚不均匀等缺陷。预应力电杆不得有纵、横向裂缝；普通电杆不得有纵向裂缝，其横向裂缝宽度应不超过0.1mm。

第三，排杆前应清除钢板圈上的油脂、铁锈、水泥结块等污物。

第四，排杆时，杆段的螺栓孔及接地孔的方向应按施工图排列摆放。杆段的钢板圈应对齐并留有2～5mm的焊缝间隙。

第五，排杆时，杆段按上中下和左右排列放置，地面不平时，杆段下面要垫以垫木或装土的草袋，使上中下杆段保持同一水平状态。

第六，在山坡地排杆，若场地不能满足要求，可用砂袋码垛支持电杆。一般情况下，当电杆长度为 4.5m 而伸出长度为 3.0m 以内者，可码一垛支持，伸出 3.0m 以上者，应码两垛支持。当电杆长度为 6.0m，伸出 4.5m 以内者，可码一垛支持；伸出 4.5m 以上者，应码两垛支持。对 9.0m 长的电杆，伸出 7.0m 以内者，可码一垛支持；伸出 7.0m 以上者，应码两垛支持。

第七，排杆时，上中下杆段必须在同一轴线上，一般可沿电杆的两端上下左右目测或用拉线绳的方法校验是否在同一轴线上。移动杆身时，不得用钢钎插入杆孔撬动，可用绳索或木杠移动。如要杆身下沉时，可锤打杆身下面的垫木使杆身下沉，切不可敲打电杆使之下沉。

第八，现场应根据电杆起吊方法的要求进行排杆，如用固定式抱杆起吊单杆时，应将电杆靠近杆坑口，杆段的重心基本上放于杆坑中心处；如用倒落式人字抱杆起吊单杆或双杆时，则电杆根部距杆坑中心 0.5 ~ 1.0m，以利电杆就位。

第九，排杆时，单杆直线杆的杆身应沿线路中心线放置。双杆直线杆的杆身应与线路中心线平行。转角双杆的放置方向，须与转角内角侧的二等分线垂直。

### （二）杆段的焊接

钢圈连接的混凝土电杆，宜采用电弧焊接。焊接操作应符合下列规定：

第一，必须由经过电焊培训并考试合格的焊工操作，焊完的焊口应及时清理，自检合格后应在规定的部位打上焊工的钢印代号。

第二，焊前应清除焊口及附近的铁锈及污物。

第三，钢圈厚度大于 6mm 时应用 V 形坡口多层焊。

第四，每个焊口应先点焊 3 ~ 4 处，每处长度 30mm 左右，然后对称交叉施焊。

第五，焊缝应有一定的加强面，其高度和遮盖宽度应符合规定。

第六，焊接前应做好准备工作，一个焊口宜连续焊成。焊缝应呈现平滑的细鳞形，其外观缺陷允许范围及处理方法应符合规定。

第七，焊接后的电杆，其分段或整根弯曲度均不应超过对应长度的 2%，超过时应割断调整重新焊接。

第八，钢圈焊接接头焊完后应及时将表面铁锈、焊渣及氧化层清理干净，并按设计规定进行防锈处理。设计无规定时，应涂刷防锈漆（红丹漆、灰漆）两道或采取其他防锈措施。

第九，混凝土电杆上端应封堵。设计无特殊要求时，下端不封堵，放水孔应打通。

### （三）电杆的组装

电杆在地面组装的顺序，一般是先组装导线横担，再组装避雷线横担、叉梁和拉线抱箍等。

1. 组装前的检查

（1）检查电杆的螺栓孔位置及其相互间距离是否与施工图相符，并检查杆身有无裂缝等缺陷。

（2）检查电杆焊接质量是否良好，杆身是否正直。双杆的根开尺寸是否与施工图相符，两杆的杆顶或杆根是否对齐。

（3）检查横担、吊杆、抱箍等零件是否齐全，规格尺寸是否与施工图相符。零部件的焊接和镀锌质量是否完好，如发现质量缺陷，经妥善处理后方可使用。

2. 电杆的组装

（1）先组装导线横担。调整吊杆使横担两端稍微翘起（即预拱）10 ~ 20mm，以便悬挂导线后横担保持水平。

（2）组装转角杆横担时，要注意，长横担尖组装在外角侧，短横担尖组装在内角侧。

（3）组装叉梁时，先安装好杆身上的 4 个叉梁抱箍。将 4 根叉梁交叉点处垫高与叉梁抱箍保持水平，而后安装上叉梁和下叉梁，适当调整安妥为止。

（4）在组装横担、叉梁、抱箍等构件时，如发现组装困难应停止组装，待找出原因妥善处理后再行组装。

（5）地面组装时，不宜将构件与抱箍连接螺栓拧得过紧。吊杆的 U 形调节螺栓也应使其处于松弛状态，以防起吊电杆时损坏构件。

（6）带有拉线的电杆，做好拉线上把，在电杆起吊前将拉线与拉线抱箍连接好。

3. 铁构件缺陷的处理规定

（1）少数螺孔位置不对需要扩孔时，扩孔部分不应超过 3mm，超过 3mm 时，应先堵焊再重新打孔，并应进行防锈处理。严禁用气割进行扩孔或烧孔。

（2）运到杆位的角钢构件的弯曲度应按规定验收。个别角钢弯曲度超过长度的 2‰，但未超过规定的变形限度时，可采用冷矫正法进行矫正，但矫正后的角钢不得出现裂纹和锌层剥落。

（3）角钢切角不够或联板的边距过大时，可用钢锯锯掉多余部分，但最小边距不得小于 2 倍孔径的距离。而且应采取防锈措施。

4. 螺栓安装的规定

（1）螺栓应与构件平面垂直，螺栓头与构件之间不应有空隙。

（2）螺母拧紧后，螺杆露出螺母的长度：对单螺母，应不少于 2 个螺距；双螺母者可与螺母相平。

（3）螺杆必须加垫者，每端不宜超过 2 个垫圈。

（4）螺栓的穿入方向应符合如下规定：立体结构：水平方向由内向外；垂直方向由下向上。平面结构：顺线路方向，由电源侧穿入或按统一方向穿入；横线路方向，两侧由内向外，中间由左向右（指面向受电侧，下同）或按统一方向穿入；垂直地面方向者由下向上。个别螺栓不易安装者可以变更方向。

### （四）固定单抱杆起吊电杆

启动牵引设备牵动钢丝绳将电杆徐徐起立。对于每一种杆型，第一次起吊时，必须进行强度验算和试吊。

摆放电杆时，电杆的吊点要处于基坑附近，最好在起吊滑轮组正下方。

抱杆要设置牢固，抱杆拉线对地夹角不大于 45°，抱杆的最大倾角不大于 15°，以减少水平力，并充分发挥抱杆的起吊能力。

起吊滑轮组的起升净高度必须大于电杆吊点到杆根的高度，以便电杆根部能离开地面。必要时在杆根部绑上沙袋，使电杆重心下移，以助起吊。

### （五）固定人字抱杆立杆

固定人字抱杆是由两根木杆或钢管组成的人字形抱杆，其起吊荷重较大。

人字抱杆根开一般为其高度的 1/3 ~ 1/2，两抱杆长度应相等且两脚在一个水平面上。当起吊电杆较重时，可在抱杆倾斜的反方向再增设拉线。其他同固定单抱杆施工方法。

### （六）倒落式人字抱杆起吊电杆

1. 牵引、制动和临时拉线系统

（1）总牵引地锚中心、人字抱杆中心、杆身中心和制动钢丝绳地锚中心四点必须在同一直线上，埋设地锚时必须对准线路中心线。牵引地锚距主杆坑的距离为杆塔高度的 1.5 ~ 2 倍。

（2）牵引系统由总牵引绳和滑轮组两部分组成。总牵引绳受力的大小按杆重的 1.3 倍考虑。

（3）制动钢丝绳地锚距主杆坑的距离为杆塔高度的 1.2 倍，制动钢丝绳与线路中心线平行。

（4）临时拉线地锚距主杆坑的距离大于电杆高度的 1.2 倍，临时拉线对地夹角不大于 45°。

（5）临时拉线绑扎在电杆的位置，单杆在上下横担之间，双杆在导线横担下面。

（6）临时拉线通过拉线控制器或手扳葫芦固定在地锚上。

2. 人字抱杆布置

（1）人字抱杆的长度一般为杆塔高度的 1/2，人字抱杆的高度为杆塔重心高度的 0.8 ~ 1.0 倍。

（2）抱杆根部距电杆根端为 4.0m 左右。抱杆根开一般为抱杆高度的 1/3，抱杆根部用钢丝绳连接。

（3）抱杆受力后的初始角一般为 55° ~ 65°。抱杆失效时的角度（又称为脱帽角），应以杆塔对地面不小于 50° 来考虑。

3. 电杆起立操作注意事项

（1）起立前对现场进行全面细致的检查。起吊系统由现场指挥检查，其他部位则由操作人员检查。

（2）电杆头部离地面 0.8m 时停止牵引，对电杆及各部受力情况再一次进行检查。

（3）电杆起立过程中，两侧临时拉线随时调整使其松紧合适。根据需要适当放松制动绳使电杆平稳起立。

（4）在电杆起立至抱杆失效前 10° 左右时，杆根应进入底盘内。如未进入，应立即停止牵引，用撬杠拨动杆根使其入盘。

（5）电杆起立到50° ~ 65° 时，抱杆失效，此时应停止牵引，操作控制绳使抱杆徐徐落地，然后再牵引继续起立。

（6）电杆起立到60° ~ 70° 时，必须将反向临时拉线穿入地锚环内，用拉线控制器控制，随杆的起立调整拉线松紧。

（7）电杆起立到70° 以后，应放慢牵引速度，同时放松制动绳，以免杆根扳动底盘。

（8）电杆起立到80° 时，应停止牵引，利用牵引索具自重所产生的水平分力及缓松反向临时拉线，使电杆立至垂直位置。也可由 1 ~ 2 人轻压牵引钢绳，使电杆达到垂直位置。

（9）电杆立直后应及时打好临时拉线。若是拉线杆应装好永久拉线。打临时拉线时，负责绞磨和底滑车的操作人员不得离开自己的岗位，以保证安全。

（10）电杆找正后应立即培土夯实，以免发生倒杆事故。

## 五、铁塔组立

### （一）铁塔地面组装

将运输到现场的铁塔构件按施工图组装，通常是分面（也称为分片）组装，便于吊装。

分片组装时，组装哪个方向的构件就放在哪个方向，以便起吊。

铁塔分片组装的原则：①分片重量不超过抱杆的允许最大承载能力及最大起吊高度。②铁塔分片的可能性，如考虑铁塔主材的接头，分片后能组成稳定的整体结构。必要时对组成的构件进行补强。③安装作业的方便和安全。

### （二）内拉线悬浮抱杆分解组塔

内拉线悬浮抱杆组塔方式是：抱杆竖立在铁塔中央，连接在铁塔主材上的四根钢绳承托抱杆根部，4 根拉线固定在铁塔主材上，随着塔身不断组立升高，抱杆不断提升，直至组立完铁塔的全部构件。

1. 塔腿的组立

塔腿组立，通常是将主材根部固定在塔脚，主材顶部拴绳索拉起，再将斜材和水平材连好。留一面不装斜材和水平材，以备抱杆的起立。

2. 竖立抱杆

利用已组立好的塔腿作支撑竖立抱杆。在塔腿主材顶端挂固定滑轮，钢丝绳穿过主材顶端滑轮，绑扎在抱杆上端，牵引钢丝绳使抱杆竖起。抱杆竖立后，将塔腿的开口面辅助材补装齐全并拧紧螺栓。

3. 抱杆的提升

抱杆的提升步骤如下：

（1）绑好上下腰环，使抱杆竖立固定在铁塔中央位置，然后松开抱杆拉线。

（2）安装好提升抱杆的牵引绳，启动绞磨，将抱杆稍许提升，并解开根抱杆承托钢绳，然后继续启动绞磨使抱杆提升到所需高度。

（3）固定承托钢绳，回松牵引钢绳，调节抱杆承托钢绳使抱杆正直并拉紧拉线。

（4）松开牵引绳，解开上下腰环，这时抱杆可以继续起吊塔件。

4. 抱杆的拆除

在横担挂滑轮，在抱杆的根部绑一牵引绳，牵引绳穿过滑轮与牵引设备连接，抱杆根部再绑一控制绳。拆除抱杆时，启动牵引设备拉紧牵引绳，将抱杆提升少许，然后拆除抱杆的承托钢绳等设备。这时回松牵引绳并利用控制绳将抱杆落到地面，一节一节将抱杆卸下，从塔下抬出。

## 六、人力放线施工

### （一）放线前的主要准备工作

根据现场调查和放、紧线方案，合理布线。一般按一个耐张段为一个放线段。

清理放线通道，修好通往放线场的道路和放线场地。

对重要的交叉跨越如铁路、公路、电力线及通信线等，与相关部门联系，搭好跨越架并做出安全措施。

沿线应开挖的土石方，应在放线前开挖完毕。需拆迁的房屋及其他障碍物应全部拆除完毕。

将悬垂绝缘子串和放线滑轮悬挂在杆塔上。

根据放、紧线方案，打好两端耐张杆塔的临时拉线。

将导线和避雷线运送到放线场。

### （二）准备工作要点

1. 布线

布线就是将导线和避雷线的线轴，每隔一定距离沿线路放置，以便放线顺利进行。布线时应考虑以下几个方面：

（1）布线裕度：一般平地及丘陵取 1.5%，山地取 2%，高山大岭取 3%。

（2）布线时，导线、避雷线的压接管应避开 35kV 及以上电力线路，铁路、公路、一二级弱电线路，特殊管道、索道和通航河流。

（3）合理选择线盘的放置地点，充分利用沿线交通条件，减少人力运送导线、避雷线的距离，一般情况下，线盘应放置在地形平坦、场地宽广的地方，以利于运输机械和施工机械的使用。

（4）不同规格、不同捻向的导线或避雷线不得在同一耐张段内连接。

（5）为便于压接、巡线维护，长度相等的导线，应尽量布置在同一区段。

（6）线长与耐张段长度应相互协调，避免切断导线造成导线的浪费或接头过多。

2. 搭设跨越架

放线前要在被跨越处搭设跨越架，以便导线和避雷线从跨越架上面通过。

跨越架的材料及形式：搭设跨越架最常用的材料有杉木杆、竹竿、钢管等，还有柱式钢结构或铝合金结构的跨越架。

用杉木杆、竹竿或钢管搭设的跨越架，其基本形式有单排和双排两种，施工时根据被跨越物的不同要求分为五种：①单侧单排适用于弱电线、380V 电力线及乡村道路。②双侧单排与单侧单排的适用范围相同。③单侧双排适用于 35kV 及以下电力线、铁路、公路及重要的弱电线。其高度宜限制在 10m 以下。④双侧双排适用于各种被跨越物。其高度宜限制在 15m 以下。⑤双侧多排：根据需要专门设计。

跨越带电电力线时，应采用双面跨越架，而且邻近电力线侧的临时拉线使用尼龙绳、锦纶绳等绝缘材料。

3. 耐张杆塔安装临时拉线

为了抵消紧线时杆塔受到的不平衡张力，对紧线段两侧的耐张杆塔都要安装临时拉线。临时拉线的安装应符合以下要求：

（1）放线前，应将放线段内所有的杆塔调整，拉线杆塔的所有拉线安装调整完毕。紧线段两侧的耐张杆塔都要打好临时拉线，临时拉线安装在杆塔受力的反方向侧，即所紧导线、避雷线的延长线上。转角杆还应增设内角临时拉线。

（2）临时拉线的上端应用 U 形环连接到杆塔的临时拉线挂线板上，或安装在杆塔挂线点附近的主材节点处。下端串接双钩紧线器或手拉葫芦以便调节拉线的松紧程度。

（3）临时拉线地锚可根据拉线受力的大小，选择钢板地锚或板桩。埋设地锚时要保证拉线对地夹角不大于 45°。

（4）每根导线或避雷线应设置一根临时拉线。

4. 悬挂绝缘子串和放线滑轮

（1）在放线段的直线杆塔上悬挂绝缘子串和放线滑轮。

（2）一基杆塔应该使用同一型号的放线滑轮，以使三相滑轮等高，便于观测弧垂。

（3）导线放线滑轮使用铝轮、尼龙轮或挂胶钢轮，钢绞线可以使用钢滑轮。

（4）单导线采用单滑轮，对分裂导线，按子导线选择三轮或五轮滑轮。对于大高差导线在滑轮上的包络角超过 30°，应采用双滑轮。分裂导线采用两个滑轮，中间用角钢连接支撑。

（5）展放导线的滑轮，轮槽底直径应大于导线直径的 20 倍，以使放线过程对导线的损伤降到最低；展放钢绞线的滑轮，轮槽底直径应大于钢绞线直径的 15 倍。

### （三）放线方法

地面拖线放线法，是由人力或汽车、拖拉机沿线路直接拖放导线或避雷线。人力放线，平地上每人按 30kg 考虑，山地每人按 20kg 考虑。当沿线条件许可时，可以用汽车或拖拉机牵引放线，以提高效率。

拖放法放线，要在沿线障碍物衬垫木板、轮胎等软物，并派专人护线和查线。若发现有导线在坚硬物上摩擦等情况，须立即处理。如有断股金钩等情况不能及时处理时，应在导线上做出明显标记，如缠红布条、黑胶布等，以便后期处理。

在线盘中心穿入钢棒，将线盘架到线轴支架上，转动线盘支架的操作手柄，将线盘支起离地100mm。为了防止线盘架前倾，可以在支架上方打临时拉线固定。当无线盘支架时，可先在地面挖一坑，深度超过线盘直径的一半，宽度能容下线盘并有100mm的裕度，坑两边各放一根道木，在线盘中心孔穿入钢棒（放线杠），将线盘顺坡滚入坑内，用撬杠撬动钢棒使线盘悬空，在道木上钉一方木挡住线盘。

放置线盘时要使线头从线盘上方展出。线盘展放过程若要刹车，两人应站在线盘侧后方，用木杠同时别住线盘边缘，使其缓慢停下来。切不可站在线盘侧前方刹车线盘，有可能伤人或使线盘向前翻滚。

### （四）放线通信联系

对讲机联系。这是目前应用最多的通信联系方式。

红白旗加哨声联系。用旗帜的位置加上哨声的长短与快慢来传递信息。

所有工作人员均应明了统一的信号意义，并能熟练掌握、应用。

发信号的人员，必须集中精力坚守岗位。中间传递信号的人员，应站在高处，传呼信号应准确无误。

无论采用何种通信联络方式，都要求通信可靠、灵敏。通信语言和信号要简单明了，发信号者要将信号重复发出，直到对方回复收到信号为止。

当接收信号弄不清楚时，应先发出停车信号，然后再弄清楚对方所发信号。

### （五）放线注意事项

放线前人员分工要明确，听从指挥员的号令。

放线架应设置牢固，防止放线架在拖放线时前后倾倒。在放线过程中，随时调整线盘转轴，使其保持水平状态。

跨越架处派专人看守，保证导线、避雷线不被卡住或落在跨越物上。放线经过河流、水库、水塘时，应防止水底坚硬物磨损导线或线被卡住。同时应避免线在水中打金钩或松股等现象。

放线时，领线人员应尽量保持顺线路前进。如线被树桩、土包等卡住，护线人员应在线弯外侧用大绳拉或木杠撬动处理，不得用手直接推拉导线。展放线经过拉线杆塔或换位杆塔时，应注意各项导线位置，防止导线扭绞或错位。

当线盘上剩 5 ~ 10 圈时，看线盘人员发出暂停信号，这时用人力转动线盘将余线放出。

人力拖放线时，应有熟练技工带领并指挥外协工放线。指挥员事先向全体人员交代安全注意事项和联络信号知识。拖放线人员应备垫肩、手套等劳动防护用品。拉线时，人与人之间距离要适当。经过高山、陡壁、深谷时，应采用大绳引渡线头，或用大绳作为人员攀登扶绳。使用的大绳应注意强度，且绑扎牢固可靠。

采用汽车或拖拉机拖放线时，工作前应让驾驶员熟悉行进路线，险要的道路和桥梁应采取加固措施。车辆爬坡时，后面不得有人。车辆行进过程中，任何人不得扒车、跳车或检修部件。车辆的牵引绳与导线、避雷线之间用旋转连接器连接，防止线股松散。

### （六）导线和避雷线的损伤及其处理标准

导线和避雷线展放完毕发现有磨损断股等缺陷时，应按下列规定检修处理。

第一，导线在同一处的损伤同时符合下列情况时可不作补修，只将损伤处棱角与毛刺用口号砂纸磨光。①铝、铝合金单股损伤深度小于股直径的 1/2。②钢芯铝绞线及钢芯铝合金绞线损伤截面积不大于导电部分截面积的 5%，且强度损失小于 4%。③单金属绞线损伤截面积不大于 4%。

第二，导线损伤达到下列情况之一时，必须锯断重接。①钢芯铝绞线的钢芯断股。②连续损伤虽然在容许补修范围之内，但其损伤长度已超出一个补修金具所能补修的长度。③金钩、破股已使钢芯或内层线股形成无法修复的永久变形。④金钩、破股已使钢芯或内层线股形成无法修复的永久变形。

第三，采用线股缠绕或补修金具补修时，导线损伤部分应位于缠绕束或补修金具两端各 20 mm 以内。

## 七、导线、地线连接

### （一）概述

导线和避雷线的连接有钳压、液压等方法。

导线截面在 240mm$^2$ 及以下的，常采用钳压的方法连接。钳压连接是将导线搭接在椭圆形接续管内，用钳压器压接而成。

导线截面在 240mm$^2$ 及以上的，常采用液压的方法连接。导线液压接续管由钢管和铝管配套，连接时先将导线的钢芯搭接或对接在圆形钢接续管内，用液压钳压成六边形，再把铝管套在铝股和钢接续管外面，用液压钳将铝管压成六边形即完成一个接续管的压接。

压接须采用精度 0.02mm 的游标卡尺，对所使用压接管内外径进行测量，并进行外观检查，用钢尺测量各部分长度，其尺寸、公差应符合国家标准。

### （二）接续管和导线清洗及涂电力复合脂

接续的导线受压部分必须平整完好，距管口 15m 以内不得有缺陷。

压接的导线的端头在割线前应先掰直，并且用细铁丝绑扎，防止散股。把不整齐的线头用钢锯割齐，切割面应与导线的轴线垂直。

对压接管进行清洗，清洗过后要用干净布堵塞管口，并用塑料袋封装。

压接管内外表面光滑无毛刺或裂纹，其弯曲度不应超过 1%。

导线的压接部分在穿管前，用棉纱蘸汽油擦拭清洗其表面油垢，清洗长度应不短于铝管套入部位。

采用钳压或液压连接导线时，导线连接部分外层铝股在洗擦后薄薄地涂上一层电力复合脂，并用细钢丝刷清刷表面氧化膜，应保留电力复合脂进行连接。

### （三）钳压连接

在压接前，检查钳压管是否与导线匹配；钢模是否与导线同一规格；钳压管穿入导线后，再将衬条插在两线之间，注意衬条露出管口等长。

一切就绪后，即可将穿好导线的钳压管放入钢模内，按照在钳压管上做好的压口位置，一正一反地施压，最后一模要压在导线短头位置。每模压下以后，停留半分钟再压第二模。

### （四）液压连接

1. 液压连接一般要求

（1）液压机由高压油泵、压钳和钢模组成，高压油泵与压钳之间用高压油管连接。

（2）使用的液压机必须有足够的出力，钢模必须与被压的管径相匹配。

（3）液压是把导线穿入液压管，用液压机对液压管进行施压，压前的液压管断面呈圆形，压后呈六边形。

2. 导线压接操作步骤

（1）在导线两端量出钢芯接续管长度的一半加 10mm，用红铅笔画印，然后紧靠印记用细铁丝 2 ~ 3 圈绑扎牢固导线，并把铝股散开。

（2）沿红线切断外层和内层铝股。在切割内层铝股时，只割到铝股的 3/4 的深度，然后将铝股逐根掰断。

（3）先套铝管，再将钢芯从钢管的两端顺着线的绞制方向旋转推入，直到两端头在管内中点相抵。然后按顺序，由钢管中心分别向管口端部依次施压。

（4）当钢管压好之后，将铝管顺铝线绞制旋转推入，铝管与钢管的重叠部分不压。其压接顺序是自重叠部分各留出 10mm 处，分别向两端施压，压完一端再压另一端。

（5）液压时，相邻两模应重叠 5mm 以上。压接完毕须将铝管涂防锈漆封口。

（6）液压钢芯铝绞线耐张管时，耐张钢锚的压接顺序是由管底向管口施压；而铝管则是从跳线联板端向管口施压。

（7）压接补修管从管中心开始分别向两端施压。

（8）对压后的各类管子的外形进行修整，锉去飞边、毛刺，表面用砂纸打磨光滑。

（9）钢压接管裸露在外者，应涂富锌漆以防锈。

## 八、弧垂观测

弧垂（通常又称为弛度）观测档的选择：宜选择档距较大、高差较小及接近代表档距的线档。

弧垂观测档的选择应符合下列原则：①紧线段在 5 档及以下时靠近中间选择

一档。②紧线段在 6 ~ 12 档时靠近两端各选择一档。③紧线段在 12 档以上时靠近两端及中间选择 3 ~ 4 档。

弧垂观测档时的气温取当时的实际温度。温度计悬挂在太阳不能直射到的地方。

导线、避雷线的弧垂均由架空线的悬挂点算起，量尺寸时，应垂直向下量取。

当有 2 ~ 3 个观测档时，按照从挂线端到紧线端的次序逐档调整到规定的弧垂值。

紧线弧垂在挂线后应随即在该观测档检查，其允许偏差应符合规定；跨越通航河流的大跨越档弧垂允许偏差应不大于 ±1%，其正偏差不应超过 1m。

导线或避雷线各相间的弧垂应力求一致，各相间弧垂的相对偏差最大值应符合规定；跨越通航河流大跨越档的相间弧垂最大允许偏差应为 500mm。

相分裂导线同相子导线的弧垂应力求一致，不安装间隔棒的垂直双分裂导线，同相子导线间的弧垂允许偏差为 +100mm；安装间隔棒的其他形式分裂导线同相子导线的弧垂允许偏差 220kV 为 80mm；330 ~ 500kV 为 50mm。

架线后应测量导线对被跨越物的净空距离，必须符合设计规定。

连续上（下）山坡时的弧垂观测，当设计有规定时按设计规定观测。

## 九、附件安装

### （一）悬垂线夹的安装

耐张杆塔挂线完毕，此时各档导线弧垂均满足要求，绝缘子串处于垂直状态。这时操作人员分别登上直线杆塔，找出线夹中心点，用划印笔把中心点划在导线上，称为直线杆塔划印。中心点划好之后，用双钩紧线器将导线提起，取下放线滑轮。

安装悬垂线夹之前，要在导线上缠绕铝包带，铝包带的缠绕方向与导线外层铝股的绞制方向一致，铝包带两端露出线夹不超过 10mm，端头应压入线夹内。将缠好铝包带的导线放入悬垂线夹内，再将悬垂线夹挂到绝缘子串下面，拧紧线夹上的 U 形螺栓将导线夹紧。此时中心点应位于线夹的中央。

线夹安装后，悬垂绝缘子串应垂直地面。个别情况下，其顺线路方向与垂直位置的位移不应超过 5°，且最大偏移值不应超过 200mm。

### （二）防振锤的安装

从工程的杆塔明细表中，查出防振锤的安装距离。其安装误差应不大于 ±30mm，在安装防振锤的导线上缠绕铝包带，铝包带的缠绕方向与导线外层铝股的绞制方向一致，铝包带两端露出夹板不超过 10mm，端头应压入夹板内。

防振锤上的螺栓应拧紧，以防止防振锤沿导线滑动。防振锤安装后，应与导线在同一垂直平面内，连接锤头的钢绞线应平直，不得扭斜。

### （三）引流线的安装

引流线又称跳线。应该使用未经牵引的导线制作，以利外观造型。如果耐张线夹为螺栓型线夹，可将两侧的线头直接用并沟线夹连接。如果耐张线夹为压缩型线夹，首先在跳线两端压接引流板，引流板再与耐张线夹连接。

现场一般采用拉绳子模拟的方法来确定跳线的实际长度，然后再制作跳线。跳线制作时要顺着导线自然弯曲方向压接引流线夹，使跳线安装后形状流畅不扭曲。

在地面将引流线两端的引流板压好，再吊装跳线，将引流线两头与耐张线夹连接并紧固螺栓。

引流线应呈近似悬链线状自然下垂，其对杆塔及拉线等的电气间隙必须符合设计规定。使用压接引流线夹时其中间不得有接头。

铝制引流连板及并沟线夹的连接面应平整、光洁，安装应符合下列规定：

第一，安装前应检查连接面是否平整，耐张线夹引流连板的光洁面必须与引流线夹连板的光洁面接触。

第二，使用汽油洗擦连接面及导线表面污垢，并应涂上一层导电脂。用细钢丝刷清除有导电脂的表面氧化膜。

第三，保留导电脂，并应逐个均匀地拧紧连接螺栓。螺栓的扭矩应符合该产品说明书所列数值。

## 十、接地装置施工

### （一）接地沟开挖

首先按照设计图纸规定的接地体布置形式在杆塔周围放样画出接地沟开挖线。接地沟长度不得小于设计图规定的长度。如果接地沟无法按图施工时，应向班组或上级部门的技术负责人报告，待技术部门研究处理。

接地体的埋设深度应符合设计图的规定并不得有负偏差。当设计无规定时，接地沟深度为 0.6 ~ 0.8m（或冻土层以下）；在耕地中的接地体，应埋设在耕作深度以下。

水平放射型接地体之间的平行距离，不应小于 5m；垂直接地体之间的距离，不应小于其长度的 2 倍。

开挖接地沟时，应避开道路及地下管道、电缆等设施，如果遇有大石块等障碍物时，可以绕开避让，但不得改变接地体的布置形式。

在山坡地开挖接地沟时，应沿等高线开挖，以防止雨水冲刷造成接地体外露，但应尽量避免接地体弯曲过大。

### （二）接地体敷设

1. 接地体敷设的要求

接地体敷设前，应在现场将接地体平直后再置于接地沟内。接地体必须放置于接地沟的底部方可进行回填，如果接地体有弹性不易紧贴沟底时，应用 8 号铁丝做成 U 形卡固定接地体，使其紧贴沟底后填土夯实。

2. 接地体连接

（1）接地体长度不够时，除设计规定的断开点可用螺栓连接外，其余部位应该采用焊接或液压、爆压方式连接。

（2）连接前应将连接部位的浮锈、污物等清除干净。

（3）采用搭接焊接时，其搭接长度应为圆钢直径的 6 倍，并双面施焊。扁钢的搭接长度为其宽度的 2 倍，并四面施焊。

（4）接地圆钢采用液压或爆压时，接续管的壁厚不得小于 3mm，长度不小于：搭接时为圆钢直径的 10 倍，对接时为圆钢直径的 20 倍。

（5）接地体若采用液压或爆压连接时，接续管的型号与规格应与接地圆钢匹配。在经过试验合格并经有关单位鉴定并出具相应试验报告后，方准推广使用。

3. 接地体的埋设

（1）接地体的埋设属隐蔽工程。在接地体回填前应邀请现场监理检查验收，接地体埋设示意图应按实际埋设情况填入接地施工评级记录。

（2）接地沟回填时应分层夯实，每回填 300mm 厚度夯实一次，如遇岩石及不良土壤时，应更换未掺有石块及其他杂物的好土，不允许填充块石。

（3）回填土不够时，不允许在沟边就近取土。

（4）接地沟回填时应在其表面加筑防沉层，防沉层的高度为 100 ~ 300mm。工程移交时回填土不得低于地面。

（5）位于耕地的接地沟，回填后应保持原地面的平整，且不妨碍耕作。回填后，施工场地应尽量恢复原地貌。

（6）易受冲刷的接地沟表面应采取种植草皮、水泥砂浆护面或砌石灌浆等保护措施。

（7）对于地处岩石地段，接地电阻值无法满足设计要求时，可以使用“降阻剂”，具体使用方法见厂家使用说明书。

4. 接地引下线的要求

（1）铁塔接地引下线应与铁塔主材、保护帽、基础面紧密贴合，做到平滑、美观。接地引下线不得浇注在保护帽内。

（2）水泥杆接地引下线应与杆身紧密贴合。

（3）当引下线直接从架空避雷线引下时，引下线应紧靠杆身，每隔 2 ~ 3m 与杆身固定一次。

### （三）接地电阻的测量

接地电阻的测量一般使用 ZC–8 型摇表。ZC–8 型摇表测量用的接线端纽有 4 个和 3 个两种：三个的接线端纽只能测量接地电阻，而 4 个的接线端纽除测量接地电阻外，还可以测量土壤电阻率。

测量步骤如下：

第一，将 $\Phi$10mm 钢棒打入地下 0.5m 左右。

第二，将测试线连接好，用调零旋钮将检流计指针调到零位。

第三，将倍率旋钮放在最大倍率位置，慢慢转动摇表摇柄，同时旋转电阻值旋钮，使检流计指针指在零位。

第四，当检流计指针接近平稳时，可加速摇动摇柄（120 次 /min），并拨动电阻值旋钮，使指针平稳地指在零位，如电阻读数小于 1.0，则可改变倍率重新摇测。

第五，待指针平稳后，将电阻值旋钮上的读数乘以倍率旋钮所处的倍数，即为所测的接地电阻值。

在测量接地电阻值时，应断开架空避雷线。所测的接地电阻值还应根据当时的土壤干燥潮湿情况乘以季节系数。

## 十一、线路防护

### （一）基础护坡、挡土墙的施工

1. 施工准备

（1）根据设计图纸的要求定出护坡、挡土墙砌筑的位置。

（2）砌筑用块石一般不小于 250mm，石料应坚硬不易风化。其余原材料应符合基础工程使用的原材料要求。

（3）护坡、挡土墙砌筑前，应先挖沟并将沟底浮土清除干净，在砌体外将石料上的泥垢冲洗干净，砌筑时保持砌石表面湿润。

2. 护坡、挡土墙施工

（1）砌石采用坐浆法分层砌筑，铺浆厚度宜为 3 ~ 5cm，用砂浆填满砌缝，不得无浆直接贴靠，砌缝内砂浆应采用扁铁插捣密实。

（2）上下层砌石应错缝砌筑；砌体外露面应平整美观，外露面上的砌缝应预留约 4cm 深的空隙，以备勾缝处理；水平缝宽应不大于 2.5cm，竖缝宽应不大于 4cm。

（3）砌筑因故停顿，砂浆已超过初凝时间，应待砂浆强度达到 2.5MPa 后方可继续施工；在继续砌筑前，应将原砌体表面的浮渣清除；砌筑时应避免振动下层砌体。

（4）勾缝前必须清缝，用水冲净并保持槽内湿润，砂浆应分次向缝内填塞密实。勾缝砂浆标号应高于砌体砂浆；应按实有砌缝勾平缝，严禁勾假缝、凸缝；砌筑完毕后应保持砌体表面湿润做好养护。

（5）护坡、挡土墙按照要求设置排水孔。

### （二）防洪堤的施工

1. 施工准备

（1）防洪堤一般有混凝土浇筑和块石砌筑两种方式，无论采用哪种方式，防洪堤底部的浮土必须清除干净，保证堤坝砌筑在稳固的地基上。

（2）根据设计图纸的要求定出防洪堤砌筑的位置。

（3）砌筑用块石一般不小于250mm，石料应坚硬不易风化，砌筑前将石料上的泥垢冲洗干净，砌筑时保持砌石表面湿润。

防洪堤用混凝土浇筑，其原材料应符合基础工程使用的原材料要求。

2. 防洪堤施工

（1）按照设计图要求，设置锚筋或圈梁。

（2）防洪堤的砌筑高度必须达到设计图要求值。

（3）防洪堤用混凝土浇筑的，其控制要点与基础施工一致。

### （三）排水沟的施工

1. 施工准备与要求

（1）根据设计图纸的要求或地形需要确定要开挖排水沟的杆塔位。

（2）不得用排水管代替排水沟，以防止杂物堵塞排水管，造成渠水漫淹基础周围的土壤。

（3）原材料应符合基础工程使用的原材料要求。

2. 排水沟施工

（1）排水沟施工应按设计图进行。山坡地的排水沟一般沿基础的上山坡方向开挖浇制。

（2）排水沟用混凝土浇筑的，其控制要点与基础施工一致。

### （四）保护帽的施工

1. 施工准备

（1）保护帽浇制前，应检查并紧固地脚螺栓的螺帽。

（2）保护帽的大小以盖住塔脚板为原则，一般其断面尺寸应超出塔脚板

50mm以上，高度超过地脚螺栓50mm以上。对业主有特殊要求的按其要求执行。

（3）保护帽的原材料应符合基础工程使用的原材料要求。

（4）为使保护帽的形式统一，应制作模具以框定外形尺寸。

2. 保护帽浇制

（1）保护帽的混凝土强度应符合设计要求。

（2）保护帽表面不得有裂缝，以防止雨水渗入。为使保护帽顶面不积水，顶面应有散水坡。

（3）保护帽浇制时，不得将接地引下线浇入混凝土。

# 第二节　变配电工程项目土建施工技术

## 一、基础施工

基础是建筑物最下部的承重构件，承担建筑的全部荷载，并把这些荷载有效地传给地基。地基可分为天然基础和人工地基两类。天然地基是指天然状态下即可满足承载力要求、不需要人工处理的地基。当天然岩土体达不到上述要求时，可以对地基进行补强和加固。经人工处理的地基称为人工地基。

变配电工程一般常见的基础类型为：天然基础、换填地基、强夯地基、水泥土搅拌桩基础、锤击、静压预应力管桩。

### （一）换填地基

工艺流程：施工准备→分层铺料→振夯压实→质量检验。

1. 施工准备

（1）材料准备：①按照砂和砂石地基施工图纸或规范要求对原材料分批次进行检验，合格后方可使用。在砂和砂石垫层施工中，砂宜用颗粒级配良好、质地坚硬的中砂或粗砂。当用细砂、粉砂时，应掺加粒径20 ~ 50mm的卵石（或碎石），但要分布均匀。砂中不得有杂草、树根等有机杂质，含泥量小于5%，兼作排水垫层时，含泥量不得超过3%。②沙砾石宜用自然级配的沙砾石（或卵石、碎石）混合物，颗粒应在50mm以下，其含量应在50%以内，不得含植物残体、垃圾等杂物，含泥量小于5%；垫层施工应根据工程量情况适当配置夯实用的平板振动器或立式夯机。

（2）技术准备：①严格按照规定做好图纸会审，同时对施工人员进行技术交底并形成书面记录。②施工前应具有地基验槽（坑）检查记录，砂、石等原材料检验报告，砂、石拌制配合比例和压实密实度要求等。③主要机具准备：主要机具设备有搅拌机、平板振动器或立式夯机、灰铲等。

2. 分层铺料

（1）基坑开挖到设计标高后，检查基坑尺寸及中线，如果设计图纸对砂及砂石垫层有具体要求时，照施工图执行。如果图纸没有要求时，参照构造要求执行即垫层既要求有足够的厚度（一般为0.5 ~ 2.5m，但不宜大于3m），以置换可能被剪切破坏的软弱土层；同时又要有足够的宽度（垫层顶宽一般较基础底面每边大0.4 ~ 0.5m，底宽可和它的顶宽相同，也可和基础底宽相同）以防止垫层向两侧挤出。

（2）为保证基坑周围边坡稳定，应考虑适当放坡，并应将基层表面浮土、淤泥、杂物清除干净，满足基坑铺设砂及砂垫层的要求。

（3）垫层深度不同时应按先深后浅的顺序施工，土面应挖成踏步或斜坡搭接；分层铺设时，接头应做成阶梯形搭接，每层错开0.5 ~ 1.0m，并注意充分捣实。

（4）按照砂及砂石比例称量后充分拌和，垫层应分层铺设，分层夯实或压实。为控制每层铺设厚度，应预先在基坑内设置标高控制线，并按标高控制线对砂石垫层厚度进行检查。

（5）当采用碾压法捣实，每层铺设厚度为300mm，砂石最优含水率为10%左右；采用机械夯实，每层铺设厚度为200mm，砂石最优含水率为10%左右；人工级配的砂石，应把砂石拌和均匀后，再铺设夯压。

（6）垫层铺设时，严禁扰动垫层下卧层及侧壁的软弱土层，防止被践踏、受冻或受浸泡，降低其强度。如垫层下有厚度较小的淤泥或泥质土层，在压实荷载下抛石能挤入该层底面时，可采取挤淤处理（即先在软弱土面上堆填块石、片石等，然后将其压入置换和挤出软弱土）再作垫层。

（7）垫层铺设完毕后，即可进行下道工序施工，严禁小车及人在砂层上行走，必要时应在垫层上铺板做通道。

3. 振夯压实

（1）振压时要做到交叉重叠，防止漏振、漏压；夯实、碾压的遍数和振实的时间应通过试验确定。

（2）当采用水撼法或振捣法施工时，以振捣棒振幅半径的 1.75 倍为间距（一般为 400 ~ 500mm）插入振捣，依次振实，以不再冒气泡为准，直至完成；同时采取措施做到有控制地注水和排水。垫层接头应重复振捣，插入或振动棒振完所留孔洞应用砂填实；在振动首层的垫层时，不得将振动棒插入原土层或基槽边部，以免软土混入砂垫层而降低垫层的强度。当用细砂作垫层材料时，不宜使用振捣法或水撼法，以免产生液化现象。

### （二）强夯地基

工艺流程：施工准备→布置夯点→机械就位→夯锤对准夯点夯实→低能量夯实表面松土→质量检验。

1. 施工准备

（1）技术准备：①应有工程地质勘察报告、强夯场地平面图及设计对强夯效果要求等技术资料。②编制施工组织设计或施工方案（措施）。③机具设备就位后应进行“试夯”，以便确定有关施工参数。④清理所有障碍物及地下管线、初步平整强夯场地并对测量基准点交接、复测及验收。⑤严格按照规定做好图纸会审，同时对施工人员进行技术交底并形成书面记录。

（2）主要机具准备：主要机具设备有大吨位（10 ~ 40t）夯锤、起重能力（>15t）的履带或轮胎式起重机、自动脱钩装置及用于整平夯坑的推土机。

2. 布置夯点

（1）夯击点位置可根据基底平面形状，采用等边三角形、等腰三角形或正方形布置。第一遍夯击点间距可取夯锤直径的 2.5 ~ 3.5 倍，第二遍夯击点间距位于第一遍夯击点之间，以后各遍夯击点间距可适当减小。对处理深度较深或单击夯击能较大的工程，第一遍夯击点间距宜适当增大。

（2）强夯处理范围应大于建筑物基础面积，每边超出基础边缘的宽度宜为基底下设计处理深度的 1/2 ~ 2/3，并不宜小于 3m。

3. 机械就位

当强夯场地初步平整并把夯点布置完成后，可以安排强夯机械进场和就位。强夯机械必须符合夯锤起吊重量和提升高度要求，并设置安全装置以防止夯击时起重机臂杆在突然卸重时发生后倾和减少臂杆振动；安全装置一般采用在起重机臂杆的顶部用两根钢丝绳锚系到起重机前方的推土机上。

4. 夯锤对准夯点夯击

（1）施工时必须严格按照“试夯”确定的技术参数进行控制。

（2）起重机就位后，使夯锤对准夯点位置；同时测量原地面高程和夯前锤顶标高。强夯开始前应先检验夯锤是否处于中心，若有偏心时，采取在锤边焊钢板或增减混凝土等办法使其平衡，防止夯坑倾斜。

（3）将夯锤起吊到预定高度，夯锤脱落自由下落后放下吊钩，落锤要保持平稳，夯位正确；如错位或坑底倾斜度过大，应及时用砂土将坑整平，并补夯后方可进行下一道工序。

（4）每夯击一遍后，用水准仪测量控制夯击深度并测出场地平均下沉量，然后，用砂土将坑整平，方可进行下一遍夯实，施工平均下沉量必须符合设计要求。

（5）强夯施工中会对地基及周围建筑物产生一定振动，夯击点宜距现有建筑物 15m 以上。如间距不足时，可在夯点与建筑物之间开挖隔振沟带，其沟深度要超过建筑物基础深度，并有足够长度，把强夯场地包围起来。

（6）在淤泥及淤泥质土地基强夯时，通常采用开挖排水盲沟或在夯坑内回填粗骨料，进行置换强夯。

5. 低能量夯实表面松土

每夯击完成一遍后，用推土机整平场地，放线定位即可接着进行下一遍夯击；当最后一遍夯击完成后，采用低能量满夯场地一遍，如有条件最好采用小夯锤夯实表面松土。

### （三）水泥土搅拌桩

工艺流程：施工准备→桩位放线及复核→深层搅拌桩机就位→预搅下沉→喷浆（粉）搅拌成桩→关闭搅拌桩机及清洗→质量检验。

1. 施工准备

（1）原材料准备：①施工所用水泥必须经强度试验和安定性试验合格后才能使用，采用强度等级不低于 32.5 的普通硅酸盐水泥；②砂子采用中砂或粗砂，含泥量小于 5%；③外加塑化剂采用木质素黄酸钙，促凝剂采用硫酸钠、石膏，产品要有出厂合格证，掺量通过试验确定。

（2）技术准备：①应有工程地质勘察报告、水泥土搅拌桩地基施工的场地平面图及设计对水泥土搅拌桩地基施工的技术要求等。②编制施工组织设计或施工方案（措施）。③机具设备就位后应进行“试桩”，以便确定搅拌桩的置换率、长度、搅拌桩复合地基的承载力特征值以及单桩竖向承载力特征值等施工参数。④清理所有障碍物及地下管线、初步整平水泥土搅拌桩场地并对测量基准点交接、复测及验收。⑤严格按照规定做好图纸会审，同时对施工人员进行技术交底并形成书面记录。

（3）主要机具准备：主要机具设备有深层搅拌机、起重机、灰浆搅拌机、灰浆泵、冷却泵、机动翻斗车、导向架、集料斗、提速测定仪及电气控制柜等。

2. 桩位放线及复核

建立标高控制点和轴线控制网，按照桩位布置图进行测量放线并复核。

3. 深层搅拌桩机就位

水泥土搅拌桩地基施工场地初步平整并把桩位布设完毕后，可以组织深层搅拌机及配套设备进场，将搅拌机停放于已测放好的桩位上，再调整使搅拌头与桩位标志物在同一直线上；同时保证起吊设备的平整度和导向架的垂直度。

4. 预搅下沉

（1）施工时，先将深层搅拌机用钢丝绳吊挂在起重机上，用输浆胶管将储料罐水泥浆泵与深层搅拌机联通，开动电动机后，搅拌机叶片相向而转，借助设备自重，以一定的速度沉至设计要求加固深度，并使深层搅拌机做到基本垂直于地面。

（2）搅拌机下沉时，不宜冲水；当遇到较硬土层下沉太慢时，可适量冲水，但要严格控制冲水量，以免影响桩身强度。

5. 喷浆（粉）搅拌成桩

（1）湿法施工（深层搅拌法）：①当深层搅拌机沉至设计要求加固深度后，再以一定速度提起搅拌机，与此同时开动水泥浆泵将水泥浆从深层搅拌中心管不断压入土中，由搅拌叶片将水泥浆与深层处的软土搅拌，边搅拌边喷浆直至提到地面，完成一次搅拌过程。②深层搅拌机在起吊过程中注意保证起吊设备的平整度和导向架的垂直度，成桩要控制搅拌机的提升速度和次数，保证连续均匀，以控制注浆量，要求搅拌均匀，同时泵送必须连续。③再次重复上述预搅下沉和喷浆搅拌上升的过程，即完成一根柱状加固体施工。④搅拌桩的桩身垂直偏差不得超过1.5%，桩位偏差不得大于50mm，成桩直径和桩长不得小于设计值；当桩身强度及尺寸达不到设计要求时，可采用复喷的方法。搅拌次数以一次喷浆、一次搅拌或二次喷浆、三次搅拌为宜，且最后一次提升搅拌宜采用慢速提升。⑤壁状加固时，桩与桩的搭接时间不应大于24h，如间歇时间过长，应采取钻孔留出榫头或局部补桩、注浆等措施。⑥施工时因故停止喷浆，宜将搅拌机下沉至停浆点以下0.5m，待恢复供浆时，再喷浆提升；当水泥浆液到达出浆口后应喷浆搅拌30s，在水泥浆与桩端土充分搅拌后，再开始提升搅拌头。

（2）干法施工（粉体喷搅法）：①喷粉施工前应仔细检查搅拌机械、供粉泵、送气（粉）管路、接头和阀门的密封性及可靠性。送气（粉）管道的长度不宜大于60m。②干法喷粉施工机械必须配置经国家计量部门确认的具有能瞬时检测并记录出粉量的粉体计量装置及搅拌深度自动记录仪。③搅拌头每旋转1周，其提升高度不得超过16mm；搅拌头的直径应定期复核检查，其磨耗量不得大于10mm。④当搅拌头到达设计桩底以上1.5m时，应即开启喷粉机提前进行喷粉作业；当搅拌头提升至地面以下500mm时，喷粉机应停止喷粉作业。⑤成桩过程中因故停止喷粉，应将搅拌头下沉至停灰面以下1m处，待恢复喷粉作业时再喷粉搅拌提升。⑥需在地基土天然含水量小于30%土层中喷粉成桩时，应采用地面注水搅拌工艺。

6. 关闭搅拌桩机并清洗

每天施工完毕，要关闭搅拌机并用水清洗储料罐、灰浆泵、深层搅拌机及相应管道，以备再用。

### （四）锤击、静压预应力管桩

工艺流程：施工准备→试打桩→桩位放样→装机就位→吊、插桩→立管、校直→锤击或静压沉桩→接桩→送桩→收锤或终止压桩→质量检验。

1. 施工准备

（1）打桩前应处理地上和地下障碍物（如地下线管、旧有基础、树木等）。装机进场及移动范围内的场地应平整压实，以使地面有一定的承载力，并保证装机的垂直度。施工场地及周围应保持排水沟畅通。

（2）材料、机具的准备及接通水、电源。

2. 试桩

施工前必须打试验桩，其数量不少于 2 根。确定贯入度并校验打桩设备、施工工艺以及技术措施是否适宜。

3. 桩位放样及控制

（1）在打桩现场或附近需设置控制点，数量不少于 2 个；控制点的设置地点应在受打桩作业影响的范围之外。

（2）对施工现场的控制点应经常检查，避免发生误差，根据控制桩对轴线进行放线，然后再定出桩位。

（3）桩轴线放线应满足以下要求：双排及以上桩，偏移应小于 20mm ；对单排桩，偏移应小于 10mm。

4. 桩机就位

桩机就位时，应对准桩位，保证垂直稳定，在施工中不发生倾斜、移动，静压桩机就位时利用其行走装置完成。

5. 吊、插桩

（1）锤击桩：先将桩锤提至超过管桩长度 1m 左右范围内，桩机配备动力将管桩吊起，在桩帽、桩顶垫上硬纸板做衬垫，即可将桩锤缓慢落到桩顶上面，再将管桩下端的桩尖准确对准桩位，在桩的自重和锤重的作用下，桩向土中沉入一定深度而达到稳定的位置。

（2）静压沉桩：先拴好吊桩用的钢丝绳和索具，利用桩机和自身配置的起重机，将桩管桩吊入夹持器中夹紧，再调整位置将管桩下端的桩尖准确对准桩位，再启动压桩油缸，把桩管下端 0.3 ～ 0.5m 桩身压入土中。

6. 立管校直

在桩机正方和侧面各设一个垂球架，控制检查桩机和桩管的垂直度偏差不大于桩长的 0.5%，静压桩利用液压系统调整桩管至符合施工要求；锤击桩利用桩机撑杆电动机和左右移架调整桩管至符合施工要求，在第一节桩沉管 2m 范围内，应采用空档或低档锤击桩管，以便于边施工边调整垂直度。

7. 沉桩

（1）锤击沉桩：遵守重锤低击的原则，锤重的选择应符合设计要求，桩管分段打入，逐段接长。桩帽内上下衬垫应符合规定要求，沉桩过程设专人监控、记录。

（2）静压沉桩：启动压桩油缸，利用油缸伸程，把桩压入土层中，伸长完后，夹持油缸回程松夹，压桩油缸回程，如此反复动作，实现连续压桩操作，直至把桩压入。每一次下压，桩入土深度约为 1.5 ~ 2.0m，当一节桩压到其桩顶离地面 80 ~ 100cm 时，可进行接桩或放入送桩器将桩压至设计标高。压桩过程设专人监控、记录。

8. 接桩（焊接）

（1）接桩时，其入土部分桩段的桩头宜高出地面 0.5 ~ 1.0m，上下节桩段应保持顺直，错位偏差不宜大于 2mm。

（2）管桩对接前，上下端板表面应用铁刷子清刷干净，坡口处应刷至露出金属光泽，焊接时宜先在坡口圆周上对称点焊 4 ~ 6 点，施焊宜由 2 个焊工对称进行。

（3）焊接层数不得少于 2 层，焊缝应饱满连续，焊好后的桩接头自然冷却 8min 后方可继续锤击。

9. 送桩

（1）锤击送桩作业时，送桩器与管桩应相匹配，送桩器与管桩桩头之间应设硬纸板作衬垫，桩锤、桩帽、送桩器、桩身中心线重合。

（2）锤击送桩的最后贯入度参考同一条件的桩不送桩时的最后贯入度予以修正。

（3）静压桩如果桩顶已接近设计标高，而桩压力尚未达到规定值，可以送桩。如果桩顶高出地面一段距离，而压桩力已达到规定值时则要截桩，以便压桩机移位。

（4）静压桩的送桩作业可以利用现场的预制桩段作送桩器。施压预制桩最后一节桩的桩顶面达到施工地面以上 1.5m 左右时，应再吊一节桩放在被压桩的顶面，不要将接头连接起来。

10. 收锤或终止压桩

（1）锤击桩收锤

①桩端位于一般土层时，以控制桩端设计标高为主，贯入度可作参考。

②桩端达到坚硬、硬塑的黏性土、中密以上黏土、砂土、碎石类土、风化岩时，以贯入度控制为主，桩端标高可作参考。

③贯入度已达到，但桩底标高未达到时，应继续锤击 3 阵，按每阵 10 击的贯入度不大于设计规定的数值加以确认，必要时施工控制贯入度应通过试验与有关单位会商确定。

（2）静压桩终止压桩控制条件

①对纯摩擦桩，终压时以设计桩长为控制条件。

②对长度大于 21m 的端承摩擦桩，应以设计桩长控制为主，终压力值作对照。

③对一些设计承载力较高的桩基，终压力值宜尽量接近桩机满载值。

④对长 14 ~ 21m 静压桩，应以终压力满载值为终压控制条件。

⑤对桩周土质较差且设计承载力较高的，宜复压 1 ~ 2 次为佳。

⑥长度小于 14m 的桩，宜连续多次复压，特别对长度小于 8m 的短桩，连续复压的次数应适当增加。

## 二、主体工程

主体是指地面 ±0.00 以上的建筑物部分，是承重和围护构件。它承担屋顶和各楼层传来的荷载，并把它们传递给基础。主体应具有足够的强度、稳定性、防火、耐久性能，且具备抵御自然界各种因素对室内侵袭的能力。

主体按构造组成分为：柱、梁、楼板层、屋顶及墙体。主体工程按分部分项工程分为：模板工程、钢筋工程、混凝土工程及砌体工程。

### （一）模板安装与拆除

工艺流程：施工准备→测量放线→模板安装→模板拆除→质量检验。

1. 施工准备

（1）材料准备

①木模、组合钢模板及支架的材料质量必须符合设计或产品质量的规定要

求，有产品合格证。

②模板材料应具有一定的强度和刚度，表面平整，在使用前应进行检查，不符合要求的不得投入使用。

③脱模剂应采用水质的隔离剂，其质量应符合要求。

（2）技术准备

①根据建（构）筑物的混凝土结构尺寸及现场环境，进行模板的配模设计，并确定采用模板的材料。

②若采用竹、木胶合板，应确定模板制作的几何形状及尺寸，龙骨的规格、间距，同时选用支撑系统。

③若采用定型的组合钢模板，应根据结构尺寸，确定采用不同规格的钢模板进行组合。

④对于高大模板（高度大于 4.5m 时），应编制模板专项施工技术方案。

⑤模板施工前，应对施工人员进行技术交底并形成书面记录。

（3）主要机具准备

主要机具有锤子、活动扳手、水平尺、钢卷尺等。

2. 测量放线

模板安装前，应根据建（构）筑物的测量控制网，测设各混凝土结构尺寸定位线，并进行标定。

3. 模板安装

（1）基础模板

①阶梯形独立基础模板：根据施工图尺寸制作的每一阶梯模板，支模顺序由下至上逐层向上安装，并考虑一个独立的台阶基础不留设施工缝，一次支设完毕，先安装底层阶梯模板，用斜撑和水平撑钉牢撑稳；核对该层的模板中心线与测定基础中心线是否相符，标高是否正确，接着配合绑扎基础钢筋及安设保护层垫块；底层模板安装完毕后再进行上一台阶的模板安装，并重新核对该层模板的中心线和模板边线与基础中心线是否相符，并把斜撑、水平支撑以及拉杆加以钉紧、撑牢，依次向上支设各层台阶模板直到基础模板的最上一层台阶，用同样的方法对模板进行加固；最后检查拉杆是否稳固，校核基础模板的几何尺寸及轴线位置。

②杯形独立基础模板：杯形独立基础分为一台式或多台式阶梯形的基础，其基础模板的支设方法与阶梯形独立基础基本相同，所不同的是要在基础模板的上

口安装一个杯芯模，其尺寸的大小，要根据设计图纸的要求，用钢板或木板加工成一个整体的芯模，再用轿杠固定在芯模的两侧，最后按照图纸尺寸的位置，将芯模固定在模板的上口，并检查杯芯底模的轴线和标高是否符合要求。

③条形基础模板：条形基础模板分为一台式和多台式，侧板和端头板制成后，先在基础垫层上弹出基础中心线和模板边线，再把侧板和端头板对准边线和中心线，安装就位，用水平仪抄测侧板的水平标高，复核中线和边线，再用斜撑、水平撑及拉撑钉牢。

（2）柱模板

①柱模板安装前，应在基础（和各层板面）的框架柱周边弹出柱边控制线，并在根部设置钢筋限位装置，确保柱根部的位置正确，同时检查柱筋和预埋件的数量和位置是否正确。

②按图纸尺寸制作柱模后，按放线位置安装柱的模板，两垂直向加斜拉顶撑，校正垂直度和柱的对角线尺寸。

③根据柱模的尺寸大小、侧压力的大小选择柱箍（一般有木箍、钢箍、钢木箍等），柱箍的间距、材料及螺栓配件等应经过计算确定。

④成排柱支模应先支两端柱模，校正与复核无误后，在顶部拉通线支设中间的柱模。

（3）梁模板

①在柱子上弹出轴线、梁位置和水平线，钉柱头模板。

②安装梁底模板时应先复核钢管排架、底模横楞的标高是否正确；梁跨度大于4m，应按要求进行起拱。

③按设计标高调整支柱标高，安装梁底模板并进行拉线找平。

④梁柱模板平面接槎时，柱模应伸到梁模板底，梁模板头竖向同柱模接平。

⑤主次梁交接时，主梁先起拱，次梁后起拱。

⑥梁下支柱在基土上时，应对基土平整夯实，并加设木垫板。

⑦支撑楼层高在4.5m以下时，应设两道水平拉杆；超过4.5m时，按专项方案进行施工。

⑧梁侧模板根据墨线来安装梁侧模板、压脚板、斜撑等。

⑨当梁超过750mm时，梁的侧模板应加对拉螺栓加固。

⑩梁模板安装完毕后，应重点检查其底模的刚度、侧模的垂直度、表面平整

度及支撑系统刚度和强度是否符合要求。

（4）楼面模板

①根据模板的排列图架设支柱和龙骨，支柱与龙骨的间距，应根据楼板混凝土重量与施工荷载的大小，在模板设计中确定，一般支柱的间距为800 ~ 1200mm，大龙骨间距为600 ~ 1200mm，小龙骨间距为400 ~ 600mm。

②底层地面应夯实，并铺设垫板，采用多层支架支模，支柱应垂直，并保持上下支柱在同一竖向中心线上，各层支柱应设水平拉杆和剪刀撑。

③通线调节支柱的高度，将大龙骨找平，架设小龙骨。

④铺模板时可从四周铺起，在中间收口，楼板模板压在梁侧模时，角位模板应通线钉固。

⑤楼面模板铺完后，应检查模板支架是否牢固，模板缝隙是否填塞严密，并打扫干净。

（5）模板拆除

①拆除模板的顺序和方法，应遵循先支的后拆，后支的先拆；先拆不承重的模板，后拆承重部分的模板；自上而下，先拆侧向支撑，后拆竖向支撑的原则。

②模板拆除应遵循支模与拆模为同一个专业班组进行作业，这样便于拆模人员熟悉支模时各节点的构造情况，对拆模的进度、安全及模板配件的保护都很有利。

③模板拆除的混凝土结构强度符合现行有关规范要求。

### （二）钢筋制作与安装

工艺流程：施工准备→钢筋加工→钢筋安装→质量检验。

1. 施工准备

（1）材料准备

①工程所用钢筋的种类、规格必须符合设计要求，并经过检验合格，有钢筋出厂的质量证明书及现场抽检报告。

②钢筋加工的形状、尺寸、规格必须符合设计图纸要求。

③垫块的制作应采用同混凝土结构强度的细石混凝土制作，50mm 见方，厚度同保护层，垫块内预留 20 ~ 22 号铁丝，或用拉筋、塑料卡子、撑铁等。

④钢筋的连接形式应符合设计要求，其材料的品种、规格、型号等必须符合

现行标准的规定，有产品合格证或检验报告。

（2）技术准备

①认真熟悉施工图纸，并按有关规定做好图纸的会审。

②根据设计图纸要求编制相关的技术方案和钢筋下料单。

③有针对性地对钢筋的放样、下料、加工及钢筋的安装，分阶段向施工人员进行技术交底，并形成书面记录。

（3）主要机具准备

主要机具有钢筋下料机、钢筋弯曲机、钢筋调直机、电焊机等。

2. 钢筋加工

（1）按钢筋放样图纸和钢筋下料单进行加工，其加工尺寸的偏差值应符合：

①受力钢筋顺长度的尺寸误差：±10mm。

②弯起钢筋的弯折位置：±20mm。

③箍筋内净尺寸：±5mm。

（2）受力钢筋的弯钩和弯折应符合以下要求：

① HPB235 级钢筋末端应作 180° 弯钩。

②当设计要求钢筋末端需作 135° 弯钩，HRB335 级、HRB400 级的弯弧内直径不应小于钢筋直径的 4 倍。

③钢筋作不大于 90° 弯钩时，弯折处的弯弧内直径不应小于钢筋直径的 5 倍。

（3）箍筋末端弯钩形式，除焊接封闭环形式箍筋外，箍筋的末端应作弯钩并符合以下规定要求：

①箍筋弯钩内的圆弧直径，不应小于钢筋的受力直径。

②箍筋弯钩的弯折角度，对一般结构，不宜小于 90°；对有抗震要求的，应为 135°。

③箍筋弯后平直部分的长度，对一般结构，不宜小于箍筋直径的 5 倍；对有抗震要求的结构，不应小于箍筋直径的 10 倍。

3. 钢筋安装

（1）钢筋连接有焊接接头、机械连接接头和绑扎接头，纵向钢筋的受力接头应符合设计要求。

①钢筋接头采用焊接时：a. 钢筋焊接应由持有有效证件的焊工进行操作，焊

接前应进行可焊性试验，合格后方可批量进行焊接，按规定要求，抽样对焊接质量进行检验。b.采用电弧焊连接时，应考虑焊接引起的结构变形，选用合理的焊接顺序、分层轮流施焊或对称施焊等措施；接头处钢筋轴线的偏移不得超过0.1d或3mm，接头处的弯折角度不得超过4°。c.采用电渣压力焊时，钢筋安装应上下同心，竖肋对齐，夹具紧固；接头处的焊包应均匀，突出部分高出钢筋4mm，接头处的轴线偏移不得超过0.1d或2mm，弯折角度不得超过4°。

②钢筋接头采用机械连接时，机械操作人员应经过培训并持证上岗。其机械连接的操作工艺应符合设计和有关技术规程的规定要求，并按规定取样复检。

③钢筋采用绑扎接头时，绑扎应牢固、无松扣、缺扣，其接头方式、绑扎长度应符合设计和规程要求。

④钢筋接头的设置应符合以下要求：a.同一纵向的受力钢筋，不宜设置2个及以上的接头。b.采用焊接和机械连接的接头，同一构件内，其位置应相互错开，其连接区段的长度为35d（d为纵向受力钢筋的最大直径）且不小于500mm，接头面积的百分率应符合现行施工质量验收规范及规程的规定与要求。c. 采用钢筋绑扎搭接接头的连接区段的长度为1.3L（L为搭接长度），同一连接区段内的，纵向钢筋搭接接头面积的百分率应符合现行施工质量验收规范及规程的规定要求。

（2）基础钢筋安装

①将基础垫层清理干净，并弹上钢筋的位置线。

②根据墨线位置，放置基础钢筋。

③基础底板钢筋绑扎时，四周两行交叉钢筋应每点绑牢，中间部分可隔点绑扎。

④当基础底板钢筋采用双层布设时，在双层钢筋之间应设置钢筋撑脚，确保钢筋的位置正确。

⑤钢筋弯钩应朝上，双层钢筋的上层钢筋的弯钩应朝下。

⑥独立柱基础为双向弯曲时，底面短向钢筋应放在长向钢筋的上面。

⑦现浇柱与基础连用的插筋，其箍筋应比柱的箍筋小一个柱筋直径，以便连接，箍筋的位置一定要绑扎牢固。

⑧基础中纵向受力钢筋的混凝土保护层厚度不应小于40mm，当无垫层时混凝土保护层厚度不应小于70mm。

⑨承台钢筋绑扎前，一定要保证桩基伸出钢筋到承台的锚固长度。

（3）柱钢筋安装

①箍筋与主筋应垂直，箍筋的转角处与主筋交点均要绑扎，主筋与箍筋非转角处的相交点成梅花交错绑扎。

②箍筋的弯钩叠合处应沿柱子竖筋交错布置，并绑扎牢固。

③有抗震要求的结构，柱箍筋端头应弯成 135°，平直部分的长度不小于 10d（d 为箍筋直径），如箍筋采用 90° 接头，搭接处应进行焊接，单面焊缝长度不小于 10d。

④柱基、柱顶、梁柱交接处箍筋的间距，应按设计要求进行加密，其加密长度和箍筋间距应符合设计要求。

⑤柱筋的保护层厚度应符合设计要求，可采用带铁丝的混凝土垫块，绑在钢筋骨架的外侧。

（4）墙体钢筋安装

① 2 ～ 4 根钢筋，将主筋与下层伸出的钢筋绑扎，并在主筋上画出水平钢筋的分档标志，并在适当位置绑设两根横筋定位，在横筋上画好主筋的分档标志，接着进行主筋和横筋的施工。

②主筋与伸出的钢筋的搭接处需绑扎 3 根水平筋，其搭接长度和位置应符合设计要求。

③墙体钢筋应每点进行绑扎，双排钢筋之间应绑扎拉筋或支撑筋，纵横间距不大于 600mm，墙体的钢筋应锚固到柱内，锚固长度应符合设计要求。

④对于剪力墙水平筋在两端头、转角、十字点等部位的锚固长度应符合设计要求。

⑤钢筋的外皮应垫设垫块或塑料卡子作为保护层厚度的控制。

（5）梁钢筋安装

①梁钢筋绑扎前，在梁的侧模上根据图纸要求应画出箍筋的间距。

②安装梁的纵向钢筋和弯起钢筋及箍筋，并调整箍筋的间距尺寸以符合设计图纸要求。

③纵向钢筋伸入支座的锚固长度及弯起钢筋的弯起位置，必须符合设计要求。

④箍筋叠合处的弯钩，在梁中应交错布置，箍筋弯钩为 135°。

⑤在主次梁受力钢筋下均应垫设保护层垫块（或塑料卡子）作为控制保护

层用。

⑥梁的受力钢筋，当直径大于 22mm 时，必须焊接，小于 22mm 时可绑扎，但搭接长度要符合设计要求。

⑦纵向钢筋在梁中的接头位置必须符合设计要求。

（6）板钢筋安装

①在安装完的模板上面，画出纵横钢筋的位置线，预留孔洞的位置和预埋件的位置。

②按图纸要求，依次进行钢筋安装，并做好预埋件、预留洞口、电线管的配合施工。

③钢筋外围两根，应全部绑扎，其他可隔点交错绑扎施工，如为两层钢筋，在中间应加设马凳，确保钢筋的准确位置，对于负弯矩的钢筋应每点进行绑扎。

④在安装后的钢筋网下面，应垫设混凝土保护层垫块，间距以 1.5m 为宜。

### （三）混凝土工程

工艺流程：施工准备→混凝土搅拌→混凝土运输→混凝土浇筑→混凝土养护→质量检验。

1. 施工准备

（1）材料准备

①水泥：应根据工程的特点、所处的环境和设计要求，选择水泥的品种和强度等级。对普通混凝土宜选用硅酸盐水泥、普通硅酸盐、矿渣硅酸盐水泥等；水泥进场除具有厂家的检验报告外，按规范要求进行取样复验，合格后方可使用。

②细骨料：砂宜选用粗砂或中砂，其含泥量和砂率级配应符合规范要求，对含泥量的要求，当混凝土强度等级不大于 C30 时，含泥量不大于 5%；当混凝土强度等级大于 C30 时，含泥量不大于 3%。

③粗骨料：目前一般采用碎石进行混凝土配制。碎石应进行颗粒级配，含泥量，针、片和强度指标检验，其质量指标应符合规范要求，并提供相应的合格证明文件。

④水、掺和料及外加剂等材料应符合现行标准规定。

（2）技术准备

①认真熟悉图纸，并按有关规定做好图纸的会审；

②具有资格的试验单位提供的混凝土配合比设计通知单；

③编制相关的混凝土施工方案，施工前对施工人员进行技术交底，并形成书面的记录。

（3）主要机具准备

主要机具有混凝土搅拌机、混凝土运输车、混凝土振捣器、混凝土标准试块模及坍落度等。

2. 混凝土搅拌

（1）商品混凝土

采用商品混凝土时，应按要求提供混凝土的配合比、合格证，做好混凝土的进场检验和试验工作，并按规定测定混凝土的坍落度，做好记录。

（2）现场搅拌的混凝土

①现场搅拌应尽量做到自动上料、自动称量，机动出料和集中操作控制。

②混凝土拌制前，应现场测定砂石的含水率，根据实验单位提供的设计配合比调整施工配合比，并现场挂牌。

③严格控制混凝土原材料的计量偏差，要求：水泥、外加掺和料控制在 ±2%；粗细骨料控制在 ±3%；水、外加剂控制在 ±2%。

④严格搅拌的装料顺序，即先石子再水泥后砂子，每盘的装料数量不得超过搅拌桶标准容量的 10%。

⑤混凝土最短的搅拌时间应符合规范要求。

⑥第一次使用配合比，应进行开盘鉴定，其工作性应满足设计配合比的要求。

⑦每一个工作班，应对原材料的品种、规格和使用情况进行检查，并对混凝土的坍落度进行检查。

⑧混凝土试块的取样应符合混凝土施工方案和施工验收规范的规定要求。

3. 混凝土运输

（1）混凝土出料后，应及时运送到混凝土浇筑地点。混凝土运输过程中要防止混凝土产生离析及初凝现象。

（2）当采用泵送混凝土时，必须保证混凝土泵的连接工作，若发生故障，停歇时间超过 45min 或混凝土出现离析现象，应立即用压力水和其他方法冲洗管内残留的混凝土。

4. 混凝土浇筑

（1）混凝土浇筑的一般要求

①混凝土浇筑前应对模板、支架、钢筋和预埋件的数量、位置进行检查，做好检查记录，符合要求后才能进行混凝土浇筑。

②混凝土应分层浇筑，采用插入式振捣器振捣时，其浇筑层的厚度为振捣器作用长度的 1.25 倍（一般为 300 ~ 400mm 左右）；采用平板振动器振动时，浇筑层的厚度不应超过 200mm。

③混凝土振捣时，应以混凝土表面呈现浮浆和不再下沉为准。当采用插入式振捣器振捣时，移动间距不宜大于振捣器作用半径的 1.5 倍，振捣器插入下层混凝土的深度不应小于 50mm。当采用平板振捣器振捣时，其移动间距应保证振捣器的平板能覆盖已振实部分的边缘为宜。

④对大体积混凝土应采取分段分层进行施工，确保混凝土沿高度均匀上升。

（2）基础混凝土浇筑

①带杯口模板基础混凝土浇筑：当混凝土浇筑到高于杯口芯模底部 200mm 时，应稍做停顿，待混凝土稍干硬后，再继续浇筑，以防杯口芯模移位或浮起。有台阶基础，混凝土浇至第一阶时，混凝土应比上层台阶底模高 50mm 左右，稍做停顿，待混凝土稍干硬后，浇筑上一层台阶，整个基础不留施工缝一次浇筑完毕。

②条形基础浇筑：条形基础浇筑时，应分段连续浇筑混凝土，一般不留施工缝。各段层之间应相互衔接，每段间的浇筑长度控制在 2 ~ 3m 的距离，做到逐段逐层呈阶梯形向前推进。

（3）柱混凝土的浇筑

①在浇筑柱子混凝土时，底部应先填 50 ~ 100mm 厚水泥砂浆一层，以免底部产生蜂窝现象。

②柱混凝土应分层浇筑，每层浇筑厚度不大于 500mm，边投料边振捣，振动棒不得触动钢筋和预埋件。

③柱混凝土应连续浇筑，不得间断，如遇特殊情况必须中断，其时间间隔应符合现行有关规范的规定要求。

④柱高在 3m 之内，可在柱顶直接下料，超过 3m 时，应采取有效措施防止混凝土产生离析。柱混凝土浇筑完后，应将伸出的搭接钢筋整理到位。

（4）梁板混凝土浇筑

①混凝土自吊斗口下落的自由倾落高度不超过 2m。

②梁板的混凝土应同时浇筑，并先将梁根据高度浇筑成阶梯形，当达到板的底部位置时，即与板一同浇筑。

③当梁的高度大于 1m 时，可以单独浇筑，施工缝可留在板底面以下 20 ~ 30mm。

④当浇筑柱梁及主次梁交叉处的混凝土时，由于钢筋较密，可改用细石混凝土浇筑，并以人工捣固配合混凝土振捣，此时混凝土浇筑的分层厚度不宜超过 200mm。

⑤板混凝土的浇筑的虚铺厚度应大于板厚，采用平板振捣器进行振捣，并用铁插尺检查板的厚度，振捣完毕用木抹子抹平。

⑥梁板施工缝可采用企口式接缝或垂直立缝的做法，不宜留坡槎。

（5）墙体混凝土浇筑

①墙体的浇筑应采取长条流水作业，分段浇筑，均匀上升。

②混凝土应分层浇筑振捣，每层浇筑厚度应控制在 600mm 左右。

③墙体浇筑应连续进行，如必须间隙，时间应尽可能缩短，并在前层混凝土初凝前将次层混凝土浇筑完毕。

④洞口浇筑混凝土时，应保持使洞口两侧的混凝土高度大体一致。

⑤混凝土浇筑过程中，要经常检查钢筋保护层及预埋件位置的正确性和牢固程度，并确保钢筋不受移动。

5. 混凝土养护

养护应在混凝土浇筑 12h 内进行，用适当的材料对混凝土表面加以覆盖并浇水进行养护；混凝土的养护时间不得少于 7 天，对掺有缓凝型的外加剂及有抗渗要求的混凝土不得少于 14 天；混凝土养护，浇水次数以保持混凝土湿润的状态来决定。

### （四）砖（砌块）砌体工程

工艺流程：施工准备→砂浆拌制→排砖撂底、墙体盘角→立杆挂线、砌筑→清水墙勾缝、清理→质量检验。

1. 施工准备

（1）材料准备

①砖的品种、规格尺寸、强度等级必须符合设计要求，有强度检验报告，进场后应进行外观及尺寸的质量检查，当用于清水墙的砖，应边角整齐、色泽均匀。

②水泥、砂、掺和料及水等材料应符合设计和规范要求，有合格证或检验报告，性能指标必须符合设计和现行标准的规定要求。

（2）技术准备

①严格按照规定做好图纸会审，施工前对施工人员进行技术交底并形成书面记录。

②基础验收及墙体放线：a. 基础及房屋建筑的各层楼板应进行验收并找平。b. 根据设计图纸的尺寸要求弹好墙体轴线及边线、门窗洞口的位置线，并复验合格。

（3）主要机具准备

主要机具有砂浆搅拌机、瓦刀、线坠、灰桶（或存灰槽）等。

2. 砂浆拌制

（1）目前常用的砌筑砂浆有水泥砂浆、水泥混合砂浆。施工前应将原材料送交试验单位，试验单位按设计要求的砌筑砂浆强度等级进行试配，提出砂浆试配比例（重量比），并根据测定现场砂的含水率确定施工配合比。

（2）砂浆拌和要求：当采用机械搅拌时，拌和时间不得少于 2min；采用人工搅拌时，砂浆拌和达到均匀为止；砂浆的稠度为 30 ~ 50min；砂浆分层度不超过 30mm；掺有有机塑化剂及外加剂的砂浆搅拌时间应为 3 ~ 5min。

3. 排砖撂底、墙体盘角

（1）排砖撂底

一般外墙第一层砖撂底时，两山墙排丁砖，前后檐纵墙排条砖；认真核对门窗洞口位置线、窗间墙等的长度是否符合砖的模数；砌块排列则应根据施工图的尺寸，并按砌块的规格尺寸、灰缝宽度进行排列，且应对孔错缝搭砌，砌体的垂直缝应与门窗洞口的侧边线错开 150mm 以上，不得用砖镶砌。

（2）盘角

砌砖前应先进行盘角，每次盘角不超过 5 层，新盘角及时进行靠、吊，不符合规范要求及时修正。盘角后要仔细对照皮数杆的砖层和标高，检查水平灰缝大小、平整度、垂直度等符合要求后，再挂线砌墙。

4. 立杆挂线、砌筑

（1）挂线

当砌筑墙厚 370 mm 时，应双面挂线，墙厚 240mm 及以下可采用单面挂线，如果墙的长度较长，几个人用同一根线，中间要设支点，每层砖都要穿线看平，确保水平灰缝均匀一致，平直通顺；要照顾两面平整，以控制抹灰层厚度。

（2）砌砖

砖砌体一般采用一顺一丁或三顺一丁砌法，清水墙最好采用一顺一丁砌法；砌筑时采用一铁锹灰、一块砖、一挤揉的“三一”砌砖法，即满铺、满挤操作法。砌砖时砖要放平，并保持“上跟线，下跟棱，左右相邻要对平”的施工方法。水平灰缝和竖向灰缝的厚度应控制在 8 ~ 12mm 以内。为确保清水墙的主缝不游丁走缝，当砌完一架步高时，每隔 2m 水平距离，在丁砖立棱弹两道垂直线，分段控制游丁走缝。水泥砂浆要随拌随用，一般水泥砂浆必须在 3h 内用完；水泥混合砂浆存 4h 内用完，不得使用过夜砂浆。清水墙应随砌随划缝，划缝深度为 8 ~ 12mm，深浅一致，墙面清扫干净。混水墙应随砌随将舌头灰刮净。

（3）留槎

外墙转角、内外墙交接处应同时砌筑，若留槎必须留斜样，且长度不小于墙体高度的 2/3；沿墙高度每隔 500mm 预埋 2 根 $\Phi6$ 钢筋，每边均不小于 500mm。

（4）木砖和孔洞预留

木砖预埋时小头在外，大头在内；洞口要按设计预留，避免事后打墙凿洞。

（5）构造柱

砌砖前，构造柱应先弹线，钢筋要处理顺直，马牙槎留设要先退后进，高度不超过 300mm，拉接筋留设按设计和规范要求放置。

（6）框架结构填充墙的砌筑

砖与柱间结合处应填塞砂浆，柱应每隔 500mm 配置 2 根 $\Phi6$ 拉接钢筋，长度符合设计要求，与梁顶应留出 2/3 的长度，待下层墙体达到一定的强度后，斜砌顶紧梁顶。承重墙的第一皮砖、最上一层砖、窗台砖均应采用整砖砌筑。

5. 清水墙勾缝、清理

（1）清水墙勾缝

清水墙的勾缝可采用原浆勾缝，也可以采用加浆勾缝。采用原浆勾缝时，按本节的有关要求实施，当采用加浆勾缝时，勾缝砂浆宜采用细砂拌制的 1 ： 1.5 水泥砂浆，凹缝深度为 4 ～ 5mm。

（2）墙面清理

墙体砌筑完后，应将粘在墙体表面的砂浆和浮灰及铁丝等杂质清除干净。

## 三、装饰装修工程

装饰装修工程是指以保护建筑物的主体结构、完善建筑物的使用功能和美化建筑物的过程。包括抹灰工程、门窗工程、吊顶工程、轻质隔墙工程、饰面板（砖）工程、幕墙工程、涂饰工程、裱糊与软包工程以及细部工程等。

按材料和施工方法的不同，常见的墙体饰面可分为抹灰类、贴面类、涂料类、裱糊类和铺钉类等。饰面装修一般由基层和面层组成，基层即支托饰面层的结构件或骨架，其表面应平整，并应有一定的强度和刚度。饰面层附着于基层表面，起美观和保护作用，它应与基层牢固结合，且表面须平整均匀。

### （一）一般抹灰

1. 工艺流程

基层清理→浇水湿润→吊垂直、套方、找规程→抹灰饼→护角→墙面充筋→抹底灰→修补预留孔洞→抹罩面灰。

2. 主要工序要点

（1）抹灰类墙面是指用石灰砂浆、水泥砂浆、水泥石灰混合砂浆、聚合物水泥砂浆、膨胀珍珠岩水泥砂浆，以及麻刀灰、纸筋灰、石膏灰等作为饰面层的装修做法。它主要的优点在于材料来源广泛、施工操作简便和造价低廉。但也存在着耐久性差、易开裂、湿作业量大、劳动强度高、工效低等缺点。

（2）将基层表面的灰尘、污垢、油渍等清除干净，并洒水湿润。以保证抹灰层与基层连接牢固，表面平整均匀，避免裂缝和脱落。

（3）根据基层表面平整情况，吊垂直、找规矩，确定抹灰层厚度，弹出基准线。房间较小时，可以一面墙做基准；房间面积较大时，先在地上弹出中心线，按基层面平整度弹出墙角线，然后在距墙阴角 100mm 处吊垂线并弹出铅垂线，再按地上弹出的墙角线往墙上翻引弹出阴角两面墙上的墙面抹灰层厚度控制线作抹灰基准线。

（4）根据弹出的基准线和抹灰分层厚度抹灰饼。室内墙面、柱面的阳角和门窗洞口的阳角在抹灰前用 1 ∶ 2 水泥砂浆做护角，其高度不小于 2m。

（5）当灰饼砂浆达到七八成干时，即可用与抹灰层相同的砂浆充筋。一般充筋 2h 左右可开始抹底灰。若基层为混凝土时，抹灰前刷素水泥浆一道。

（6）墙面抹灰应分层进行，每层厚度控制在 7 ~ 9mm，上层抹灰应待底层抹灰达到一定强度并吸水均匀后进行。

（7）抹砂浆面层时，厚度一般为 5 ~ 8mm，施工时，先将底子灰表面扫毛或画出纹道，并将墙面湿润，然后用砂浆薄刮一遍使其与中层砂浆黏结，紧跟着抹第二遍，达到要求的厚度。面层应注意接槎平整，表面压光不得少于 2 次。

### （二）门窗安装

门窗安装工程是指木门窗安装、金属门窗安装、塑料门窗安装、特种门窗安装和门窗玻璃安装工程。

1. 工艺流程

定位放线→安装门、窗框→安装门、窗扇→安装门、窗玻璃→框与墙体之间的缝隙填嵌→清理→保护成品。

2. 主要工序要点

（1）根据设计图纸中的安装位置、尺寸和标高，依据门窗中线向两边量出六窗边线，若为多层时，以顶层门窗边线为准，用线坠或经纬仪将门窗连线下引，并在各层六窗处画线标记。

（2）门窗的水平位置应以楼层室内 +50cm 的水平线为准反量出窗下皮标高，弹线找直。每一层必须保持窗下皮标高一致。

（3）根据画好的门窗定位线，安装窗框，并及时调整好门窗框的水平、垂直及对角线长度等以符合质量要求，然后临时固定。

（4）铝合金门窗固定：当墙体上有预埋铁件时，可直接把门窗的铁脚与墙体上的预埋铁件焊牢；当墙体上没有预埋铁件时，可用膨胀螺栓将铝合金门窗的铁脚固定至墙体上。

（5）门窗框安装后，要及时处理门窗框与墙体之间的缝隙。铝合金门窗可用矿棉条或玻璃棉毡条分层填塞缝隙，外表面留 5 ~ 8mm 深槽口填嵌缝油膏或密封胶。

（6）门窗扇和门窗玻璃应在洞口墙体表面装饰完工后安装。推拉门窗在门窗框安装固定后整体安入框内滑槽，调整好与扇的缝隙即可；平开窗安装时，先把合页按要求位置固定在门、窗框上，然后将门、窗扇固定在合页上，再将玻璃安入扇中并调整好位置，最后填嵌门扇玻璃的密封条及密封胶。

（7）门窗扇安装完成后，安装锁、拉手等附件，安装的五金配件应正确、牢固，使用灵活。

### （三）吊顶安装

1. 工艺流程

顶棚标高弹水平线→画龙骨分档线→固定吊挂杆件→安装主龙骨→安装次龙骨→安装罩面板→安装压条。

2. 主要工序要点

（1）用水准仪在房间内每个墙（柱）角上抄出水平点（若墙体较长，中间也应适当抄几个点），弹出水准线（水准线距地面一般为 500mm），从水准线量至吊顶设计高度加上 12mm（一层石膏板的厚度），用粉线沿墙（柱）弹出水准线，即为吊顶次龙骨的下皮线。同时，按吊顶平面图，在混凝土顶板弹出主龙骨的位置。主龙骨应从吊顶中心向两边分，最大间距为 1000mm，并标出吊杆的固定点，吊杆的固定点间距 900 ~ 1000mm，如遇到梁和管道固定点大于设计和规程要求，应增加吊杆的固定点。

（2）采用膨胀螺栓固定吊挂杆件。不上人的吊顶，吊杆长度小于 1000mm，可以采用仰的吊杆，如果大于 1000mm，应采用 ϕ8 的吊杆，还应设置反向支撑。上人的吊顶，吊杆长度等于 1000mm，可以采用 8 的吊杆，如果大于 1000mm，应采用本 10 的吊杆，还应设置反向支撑。制作好的吊杆应做防锈处理，吊杆用膨胀螺栓固定在楼板上，用冲击电钻打孔，孔径应稍大于膨胀螺栓的直径。

（3）在梁上设置吊挂杆件：吊挂杆件应通直并有足够的承载能力。当预埋的杆件需要接长时，必须搭接焊牢，焊缝要均匀饱满。吊杆距主龙骨端部不得超过

300mm，否则应增加吊杆。吊顶灯具、风口及检修口等应设附加吊杆。

（4）安装边龙骨：边龙骨的安装应按设计要求弹线，沿墙（柱）上的水平龙骨线把L形镀锌轻钢条用自攻螺丝固定在预埋木砖上，如为混凝土墙（柱）上可用射钉固定，射钉间距应不大于吊顶次龙骨的间距。如罩面板是固定的单铝板或铝塑板可以用密封胶直接收边，也可以加阴角进行修饰。

（5）安装主龙骨：主龙骨应吊挂在吊杆上，主龙骨间距900 ~ 1000mm。主龙骨宜平行房间长向安装，同时应起拱，起拱高度为房间跨度的1/300 ~ 1/200。主龙骨的悬臂段不应大于300mm，否则应增加吊杆。主龙骨的接长应采取对接，相邻龙骨的对接接头要相互错开。主龙骨挂好后应基本调平。

跨度大于15m以上的吊顶应在主龙骨上每隔15m加一道大龙骨，并垂直主龙骨焊接牢固。

（6）安装次龙骨：次龙骨分明龙骨和暗龙骨两种。次龙骨应紧贴主龙骨安装。次龙骨间距300 ~ 600mm。用T形镀锌铁片连接件把次龙骨固定在主龙骨上时，次龙骨的两端应搭在L形边龙骨的水平翼缘上，条形扣板有专用的阴角线做边龙骨。

吊顶灯具、风口及检修口等应设附加吊杆和补强龙骨。

（7）罩面板安装：吊挂顶棚罩面板常用的板材有纸面石膏板、吸声矿棉板、硅钙板、塑料板、格栅和条形金属扣板等。选用板材时应考虑牢固可靠，装饰效果好，便于施工和维修，也要考虑重量轻、防火、吸声、隔热、保温等要求。

纸面石膏板应在自由状态下固定，防止出现弯棱、凸鼓的现象；还应在棚顶四周封闭的情况下安装固定，防止板面受潮变形。

矿棉装饰吸声板、硅钙板、塑料板安装时，应注意板背面的箭头方向和白线方向一致，以保证花样、图案的整体性；饰面板上的灯具、烟感器、喷淋头、风口箅子等设备的位置应合理、美观，与饰面的交接应吻合严密。

格栅安装规格一般为100mm × 100mm；150mm × 150mm；200mm × 200mm等多种方形格栅，一般用卡具将饰面板板材卡在龙骨上。

饰面板上的灯具、烟感器、喷淋头、风口箅子等设备的位置应合理、美观，与饰面的交接应吻合严密。并做好检修口的预留，使用材料宜与母体相同，安装时应严格控制整体性、刚度和承载力。

（8）通常用高强水泥钉将压条固定在墙（柱）面上，钉间距应不大于吊顶次龙骨的间距，如罩面板是固定的单铝板或铝塑板，可以用密封胶直接收边，条形扣板有专用的阴角形做压条。

### （四）饰面砖施工

1. 工艺流程

基层处理→吊垂直、套方、找规矩→贴灰饼→抹底层砂浆→弹线分格→排砖→浸砖→镶贴面砖→面砖勾缝及擦缝。

2. 主要工序要点

（1）将凸出墙面的混凝土剔平，对大钢模施工的混凝土墙面应凿毛，并用钢丝刷满刷一遍，清理干净，然后浇水湿润。

（2）吊垂直、套方、找规矩、贴灰饼、冲筋：多层建筑物，可从顶层开始用特制的大线坠绷低碳钢丝吊垂直，然后根据面砖的规格尺寸分层设点、做灰饼。横向水平线以楼层为水平基准线交圈控制，竖向垂直线以四周大角和通天柱或墙垛子为基准线控制，应全部是整砖。阳角处要双面排直。每层打底时，应以此灰饼作为基准点进行冲筋，使其底层灰做到横平竖直。同时要注意找好突出檐口、腰线、窗台、雨篷等饰面的流水坡度和滴水线（槽）。

（3）抹底层砂浆：先刷一道掺水重 10% 的界面剂胶水泥素浆，打底应分层分遍进行抹底层砂浆，第一遍厚度宜为 5mm，抹后用木抹子搓平、扫毛，待第一遍六至七成干时，即可抹第二遍，厚度约为 8 ~ 12mm，随即用木杠刮平、木抹子搓毛，终凝后洒水养护。

（4）待基层灰六至七成干时，即可按图纸要求进行分段分格弹线，同时亦可进行面层贴标准点的工作，以控制面层出墙尺寸及垂直、平整。

（5）根据大样图及墙面尺寸进行横竖向排砖，以保证面砖缝隙均匀，符合设计图纸要求。非整砖行应排在次要部位，如窗间墙或阴角处等。

（6）釉面砖和外墙面砖镶贴前，应挑选颜色、规格一致的砖；浸泡砖时，将面砖清扫干净，放入净水中浸泡 2h 以上，取出待表面晾干或擦干净后方可使用。

（7）粘贴应自上而下进行。在每一分段或分块内的面砖，均为自下而上镶贴。从最下一层砖下皮的位置线先稳好靠尺，以此托住第一皮面砖。贴上后用灰铲柄轻轻敲打，使之附线，再用钢片开刀调整竖缝，并用小杠通过标准点调整平面和垂直度。

（8）面砖铺贴拉缝时，用 1 ： 1 水泥砂浆勾缝或采用勾缝胶，先勾水平缝再勾竖缝，勾好后要求凹进面砖外表面 2 ～ 3mm。若横竖缝为干挤缝，或缝隙小于 3mm 者，应用白水泥配颜料进行擦缝处理。面砖缝子勾完后，用布或棉丝蘸稀盐酸擦洗干净。

## 第三节　变配电工程项目安装技术

### 一、电力变压器安装

（一）概述

电力变压器是电力系统的重要设备之一。变压器是利用电磁感应原理制成的一种静止的电气设备，它把某一电压等级的交流电能转换成频率相同的一种或几种电压等级的交流电能，即它能将电压由低变高或由高变低。

1. 电力变压器的分类

根据电力变压器用途、绕组形式、相数、冷却方式不同，分类也不同，但常见变压器分类如下：

（1）按用途可分为：电力变压器（升压变压器、降压变压器、配电变压器等）、特种变压器（电炉变压器、整流变压器、电焊变压器等）、仪用互感器（电压互感器和电流互感器）和试验用的高压变压器。

（2）按绕组数目可分为：双绕组变压器、三绕组变压器、自耦变压器等。

（3）按相数可分为：单相变压器、三相变压器等。

（4）按冷却方式可分为：油浸式自冷变压器、油浸式风冷变压器、油浸式水冷变压器、强迫油循环风冷变压器、干式变压器等。

我国目前 110 ～ 500kV 高压、超高压变压器的绝缘介质仍以绝缘油为主，10 ～ 35kV 配箱式变压器，城市目前广泛采用，而室内主要采用干式变压器。这里以 110 ～ 500kV 电压等级，频率为 50Hz 的油浸式变压器为例。

2. 电力变压器的总体组成

电力变压器分类较多、结构比较复杂，但总体结构基本一致。主要部件功能构造如下：

（1）铁芯部件：为了提高磁路的磁导率和降低铁芯的内部涡流损耗。

（2）绕组部件：是变压器的电路部分。

（3）油箱：油箱是油浸变压器的外壳，器身置于油箱的内部。

（4）变压器油：变压器油起冷却和绝缘作用。

（5）油枕：缩小油与空气的接触面积，延缓油吸潮和氧化的速度，可防止因油膨胀导致箱体产生受高压而产生爆炸。

（6）呼吸器：呼吸器减少进入变压器空气中的水分。

（7）防爆管：变压器的安全保护装置，防止油箱爆炸或变形。

（8）冷却装置部件：保证变压器散热良好，带走变压器产生的热量。

（9）测温装置部件：用于直接监视变压器油箱上层油温。

3. 电力变压器安装作业流程

施工前准备→变压器本体就位检查→附件开箱检查及保管→套管及套管 TA 试验→（附件安装前校验检查）附件安装及器身检查试验→（注油前油务处理）抽真空及真空注油→热油循环（必要时）→整体密封试验→变压器试验。

### （二）施工准备

包括技术资料、人员组织、机具施工材料的准备。

### （三）变压器本体就位检查

检查本体外表是否存在变形、损伤及零件脱落等异常现象，会同厂家、监理公司、建设单位代表检查变压器运输冲击记录仪，记录仪在变压器就位后方可拆下，冲击加速度应在 3g 以下，由各方代表签字确认并存档。

由于 220kV 及以上变压器为充干燥空气（氮气）运输，检查本体内的干燥空气（氮气）压力是否正压（0.01 ~ 0.03MPa），并做好记录。变压器就位后，每天专人检查一次并做好检查记录；如干燥空气（氮气）有泄漏，要迅速联系变压器的厂家代表解决。

就位时检查好基础水平及中心线是否符合厂家及设计图纸要求，按设计图纸核对相序就位，并注意设计图纸所标示的基础中心线与本体中心线有无偏差。本体铭牌参数应与设计的型号、规格相符。

为防止雷击事故，就位后应及时进行不少于 2 点接地，接地应牢固可靠。

## （四）附件开箱验收及保管

附件到达现场后，会同监理、业主代表及厂家代表进行开箱检查。对照装箱清单逐项清点，对在检查中发现的附件损坏及漏项，应做好开箱记录，必要时应拍相片备查，各方代表签字确认。

变压器本体、有载气体继电器、压力释放阀及温度计等应在开箱后尽快送检。

将变压器 110 ~ 220kV 等级的套管竖立在临时支架上，临时支架必须稳固。对 500kV 的套管则不能竖立，而只能在安装之前用吊车吊起来做试验。对套管进行介损试验并测量套管电容；对套管升高座电流互感器进行变比等常规试验，合格后待用。竖立起来的套管要有相应防潮措施，特别是橡胶型套管不能受潮，否则将影响试验结果。

## （五）油务处理

变压器绝缘油如果是桶盛装运输到货，据此现场需准备足够的大油罐（足够一台变压器用油）作为净油用。对使用的油罐要进行彻底的清洁及检查，如果是新的油罐，则必须彻底对油罐进行除锈，并涂刷上环氧红底漆，再涂 1032 绝缘漆或 H52–33 环氧耐压油防锈漆；旧油罐彻底清除原积油，抹干净，再用新合格油冲洗。油罐应能密封，在滤油循环过程中，绝缘油不宜直接与外界大气接触，大油罐必须装上呼吸器。

大储油罐摆放的场地应无积水，油罐底部需垫实，并检查储油罐顶部的封盖及阀门是否密封良好，并用塑料薄膜包好，防止雨水渗入储油罐内。

油管道禁用镀锌管，可用不锈钢管或软管，用合格油冲洗干净，管接头用法兰连接时法兰间密封垫材料应为耐压油橡皮。软油管采用具有钢丝编织衬层的耐油氯丁胶管，能承受全真空，与钢管连接头采用专门的卡子卡固或用多重铁丝扎牢，阀门选用密封性能好的铸钢截止阀。管道系统要进行真空试验，经冲洗干净的管道要严格封闭防止污染。

油处理系统以高真空滤油机为主体、油罐及其连接管道阀门组成，整个系统按能承受真空的要求装配。

绝缘油的交接应提前约定日期进行原油交接。当原油运至现场进行交接时，变压器厂家或油供应商应提供油的合格证明。交接时应检查油的数量是否足够，做好接收检验记录。

真空滤油。用压力式滤油机将变压器油注入事先准备好的油罐，再用高真空滤油机进行热油循环处理。油的一般性能分析，可依据出厂资料，但各罐油内的油经热油循环处理后试验数据须满足以下技术指标并提交油的试验报告。

### （六）滤油

先将桶装（运油车上）的油用虑油机抽到大油罐。原油静置 24h 后取油样送检；变压器本体、有载的绝缘油及到达现场的绝缘油必须分别取样送检；结果合格则可将油直接注入本体；不合格则开始进行滤油。

送检的每瓶油样必须注明工程名称、试验项目、取样地方等，试验项目一般有色谱、微水、耐压、介损、界面张力（25℃）、简化、含气量（为 500kV 等级项目）。安装前与安装后的试验项目略有不同。

滤油采用单罐的方式进行。确保每罐油的油质都达到规程规定的标准。

一般变压器油经过真空滤油机循环 3 次即能达到标准要求，静放规定时间后可取样试验，合格后将油密封保存好待用。

绝缘油处理的过程中，油温适宜 50 ~ 55℃范围，不能超过 60℃。防止由于局部位置过热而使油质变坏。

填写好滤油的记录，作为油务处理过程质量监督的依据及备查。

### （七）变压器附件安装

1. 安装冷却装置

（1）打开散热器上下油管及变压器本体上蝶阀密封板，清洗法兰表面，连接散热器短管。

（2）将管口用清洁的尼龙薄膜包好；散热器在安装前要打开封板，把运输中防潮硅胶取出来，潜油泵的残油排净，取出防振弹簧，检查油泵、风扇转动情况是否可靠灵活，油流计触点动作正常，绝缘电阻应大于 10MΩ，连接油泵时须按油流方向安装。

（3）用吊车将上下油管、散热器吊起组装，最后安装加固拉板并调节散热器的平行与垂直度，吊装散热器时必须使用双钩起重法使之处于直立状态，然后吊到安装位置，对准位置后再装配，其上下连接法兰中心线偏差不应大于 5mm，垫圈要放正。

（4）调整位置后先拧紧散热器与油泵相接处的螺栓，然后再拧紧散热器与变压器上部阀门相接处的螺栓。整个散热器固定牢固之后，方能取下吊车挂绳。

2. 套管升高座的安装

（1）吊装升高座、套管安装时，必然使器身暴露在空气中，在作业时则需向变压器油箱内吹入干燥空气。

（2）将干燥空气发生装置连接到变压器油箱的上部或中部阀，吹入干燥空气。吹入的干燥空气的露点必须低于 –40℃，并确认无水、锈斑及垃圾。

（3）拆除本体油箱上面套管升高座连接的封盖，清理干净法兰表面及垫圈槽，用新的密封垫圈放入法兰上的垫圈槽内，并涂上密封油脂，注意密封垫放置的位置应正确，法兰中临时盖上干净的塑料布待用。

（4）用吊车吊起套管升高座，拆下其下法兰的封盖并清洗法兰表面及内侧（升高座内的残油用油桶装起，避免洒落污染）。

（5）然后慢慢把升高座吊装在本体法兰上，拿开塑料布，确认变压器本体的法兰与套管升高座上的法兰配合的标记，用手拧上螺丝，最后用力矩扳手均匀拧紧螺丝；紧螺丝的过程中用对角紧法。

（6）安装过程应逐个进行，不要同时拆下两个或几个本体上升高座的封盖，以免干燥空气量不足，造成变压器器身受潮。

（7）各个电流互感器的叠放顺序要符合设计要求，铭牌朝向油箱外侧，放气塞的位置应在升高座最高处。

3. 套管的安装

（1）打开套管包装箱，检查套管瓷件有否损坏，并清洁瓷套表面。再用 1000 V 摇表测量套管绝缘电阻，其阻值应大于 1000MΩ。

（2）同时拆出器身套管法兰盖，用干净白布清洁法兰表面，之后给套管上垫圈及垫圈槽涂上密封剂，确认套管油位表的方向，慢慢地用吊车把套管吊起放入升高座内，注意套管法兰与升高座法兰对接时要小心套管下部瓷套不要与套管升高座法兰相碰；安装时不要同时打开两个或几个封盖。

（3）套管吊装完后的内部导线连接等工作由厂家的现场技术人员完成，施工单位协助。内部连接可选择在变压器内部检查时一同进行。

（4）套管就位后油标和铭牌向外（应改为便于运行观察方向），紧固套管法兰螺栓时，应对称均匀紧固。根据变压器组装外形图，变高、变中及变低套管是倾斜角度的安装方式，吊装前要准备充分。

（5）为不损坏套管，吊装时最好采用尼龙吊带，若采用钢丝绳时应包上保护材料；在链条葫芦碰及套管的地方包上保护材料。

4. 有载调压装置的安装

固定调压装置的传动盒，连接水平轴和传动管，操作机构后，手动操作机构调整有载调压的分接头，使两者的位置指示一致。转动部分应加上润滑脂。

5. 油枕的安装

根据出厂时的标记，安装及校正油枕托架，把连接本体上的油管固定好。在地面上放掉油枕里的残油，装上油位表，确认指针指示“0”位，并把油枕相关附件装好之后，吊到本体顶部与油管连接好，固定在油枕托架上。压力释放阀要在完成油泄漏试验后才装上。

6. 连管及其他配件安装

安装呼吸器和连通其油管，在安装温度表时，勿碰断其传导管，并注意不要损坏热感元件的毛细管，最后安装油温电阻元件、冷却器控制箱、爬梯及铭牌等。

## 二、断路器安装

### （一）概述

高压断路器是变电站主要的电力控制设备。当电力系统正常运行时，断路器能切断和接通线路和各种电器设备的空载和负载电流；当系统发生故障时，断路器和继电保护配合，能迅速切除故障电流，以防止扩大事故范围。

在 110 ~ 500kV 电压等级的变电站建设中，110 ~ 500kV 电压等级电力设备广泛采用六氟化硫断路器，10 ~ 35kV 电压等级电力设备广泛采用真空断路器。这里以 110 ~ 500kV 电压等级，频率为 50Hz 的支柱式和罐式 SF 安装技术为例。

高压断路器类型很多、结构比较复杂，但总体上来看包括下述几个部分：

开断元件：包括动、静触头以及消弧装置等。

支撑元件：用来支撑断路器的器身。

底座：用来支撑和固定断路器。

操动机构：用来操动断路器分、合闸。

传动元件：将操动机构的分、合运动传动给导电杆和动触头。

电气控制部分：实现断路器储能、操控、信号传输。

高压断路器安装作业流程：施工前准备→预埋螺栓安装→支架或底座安装→开关本体吊装→连杆等附件安装→充气→接线及试验。

### （二）施工准备

包括资料准备、技术准备、施工现场准备、施工机具和实验仪器的准备、安装设备和材料的检验保管。

### （三）预埋螺栓安装

把水泥基础预留孔清理干净，按图纸及支架尺寸画好中心线，然后用钢板做一个架子用于固定地脚螺栓，使其装上断路器支架刚好露出 3 ～ 5 扣，而后用混凝土灌浆，保养不少于 7 天。

### （四）支架或底座安装

1. 分相断路器

将支架分别安装在预埋螺栓上，用水平仪通过调节地脚螺栓上的螺母使支架处于水平，底部螺栓全部拧紧，以待本体吊装；分相断路器机构箱按 A、B、C 相依次吊装在预埋基础上，用经纬仪校验后紧固地脚螺栓。

2. 三相联动断路器

三相联动断路器采用三极共用两个支架、一个横梁、一个操动机构，因此开关本体安装前必须先安装支架、横梁，并用螺栓、螺母和平垫紧固，然后测量调节，通过调节地脚螺栓上的螺母使横梁在横向和纵向都处于水平，紧固螺母并锁固。

### （五）充气

打开密度继电器充气接头的盖板，将充气接头与气管连接，将断路器充气至高于额定气压（0.02 ~ 0.03）MPa的指针数。

### （六）试验

断路器试验包括检漏、微量水测量、绝缘电阻、回路电阻、直流电阻、电容器试验、分合闸时间、速度、同期试验、气体密度继电器、压力表及压力动作阀的校验、耐压试验等。将测量结果与出厂值进行对照，判断是否符合标准。其中微水测定应在断路器充气48h后进行，与灭弧室相通的气室、不与灭弧室相通的气室的微水符合要求；分、合闸线圈的绝缘电阻不应低于10MΩ；耐压试验按出厂试验电压的80%进行。

### （七）质量控制措施及检验标准要点

断路器基础中心距离、高度误差不应大于10mm，地脚螺栓中心距离误差不大于2mm，各支柱中心线间应垂直，误差小于5mm，相间中心距离误差小于5mm。

断路器应固定牢固，支架与基础间垫铁不能超过3片，总厚度应小于10mm。

断路器各零部件的安装应按编号和规定的顺序组装，不可混装。

绝缘部件表面应无裂缝、无剥落或破损，瓷套表面光滑无裂纹、缺损，套管与法兰的粘合应牢固，油漆完整，相色标志正确，接地良好。

组装用的螺栓、螺母等金属部件不应有生锈现象，安装时所有螺栓必须按要求达到力矩紧固值，密封应良好，密封圈无变形、老化。

断路器调整后的各项动作参数应符合产品的技术规定。断路器与操作机构联动正常，无卡阻现象，分、合闸指示正确，操作计数器正确，辅助开关动作正确、可靠，六氟化硫气体压力、泄漏率和含水量应符合规定，压力表报警、闭锁值符合设计要求。

## 三、隔离开关安装

### （一）概述

隔离开关是变电站利用其检修带电隔离、倒闸操作的重要高压开关之一。隔离开关没有灭弧装置，不能开断负荷电流和短路电流。隔离开关在电力网络中的主要用途有：隔离电源、倒母线操作、接通和切断小电流的电路。

根据隔离开关装设地点、电压等级、极数和构造进行分类：

按装设地点分为：户内式和户外式两种。

按结构可分为：油、真空、六氟化硫、压气型等。

按极数可分为：单极和三极两种。

按支柱数目可分为：单柱式、双柱式、三柱式三种。

按闸刀动作方式可分为：闸刀式、旋转式、插入式三种。

按所配操动机构可分为：手动、电动、气动、液压四种。

这里介绍适用于 110 ~ 500kV 电压等级、频率为 50Hz 的垂直断口隔离开关、水平断口隔离开关安装作业。

隔离开关主要由下述几个部分组成：①支持底座：起支持固定作用。②导电部分：传导电路中的电流。③绝缘子：将带电部分和接地部分绝缘开来。④传动机构：将运动传给触头，以完成闸刀的分、合闸动作。⑤操作机构：通过手动、电动、气动、液压向隔离开关的动作提供能源。

隔离开关安装作业流程：施工前准备→设备支架安装→设备开箱及附件清点→单相安装→操作机构箱安装→连杆及组件安装→隔离开关调整→静触头安装→接线及试验→隔离开关再次调整。

### （二）施工准备

技术准备：按规程、生产厂家安装说明书、图纸、设计要求及施工措施对施工人员进行技术交底，交底要有针对性。

人员组织：技术负责人、安装负责人、安全质量负责人和技术工人。

机具的准备：按施工要求准备机具，并对其性能及状态进行检查和维护。

施工材料准备：槽钢、钢板、螺栓等。

### （三）设备支架安装

把水泥基础预留孔清理干净，将设备支架吊入基础孔内，用仪器或线坠调整支架垂直度，使其误差不超过 8mm。

### （四）设备开箱及附件清点

设备开箱会同监理、业主及厂家代表根据装箱清单清点设备的各组件、附件、备件及技术资料是否齐全，检查设备外观是否有缺损，发现的缺件及缺陷应做好记录并通知厂家处理。

### （五）单相安装

垂直断口隔离开关安装，先将底座装配用螺栓固定在基础上，固定时应注意放置好斜垫圈，且将带铭牌的底座装配放在中间相，将主闸刀用吊机吊起，然后用人工扶起上节支柱瓷瓶和旋转瓷瓶，用螺栓固定，组装完上节瓷瓶后再将下节瓷瓶扶起组装，全部组装完毕后吊装在底座装配平面上，用螺栓紧固。

双柱式水平断口隔离开关则分相吊装至安装位置。

六柱水平断口隔离开关瓷瓶分别吊装到各相底座的两端，并用螺栓固定；将三柱导电杆装配的瓷瓶分别吊装到各相底座的中间位置，并用螺栓固定。吊装时注意底座下方三极联动拐臂中心线应与底座中心线成大约 35° 夹角，当开始分闸时，拐臂中心线应向底座中心线靠拢。

### （六）操作机构箱安装

按设计图纸将操作机构安装在固定高度，并固定在主极（中间极）的镀锌钢管上。

将操作机构放在一个适当高的架子上，从主极隔离开关旋转瓷瓶下方的主轴，使得主轴中心与操作机构输出轴中心对中；同时用水平尺测量并调整操作机构各个面的水平度或垂直度，然后用适当长的槽钢将机构箱与抱箍焊接（或用螺丝固定）。

### （七）连杆及组件安装

将三相联动隔离开关拐臂用圆头键装在中极，并用螺栓顶紧；将拐臂用月形键装在两边极，并用卡板挡住。将调角联轴器插入机构输出轴上，并使调角联轴器的中心与拐臂的中心对中；将接头用圆头键连接到拐臂中，将主闸刀放到合闸位置，用手柄将机构顺时针摇到终点位置，再反方向摇 4 圈，将镀锌钢管一端插入到接头中焊牢，另一端插入调角联轴器装配上端垂直焊牢。

横连杆安装时将主刀置于分闸或合闸位置，并将拐臂调到正确位置，然后截取适当长的钢管焊接到拐臂装配上。在焊接横连杆时须注意两条横连杆在同一直线上，不在同一直线上时调整接头装配在拐臂长孔中的位置。

分相操作隔离开关则不需要安装连杆。

## 四、负荷开关安装

### （一）概述

负荷开关是一种功能介于高压断路器和高压隔离开关之间的电器，常与高压熔断器串联配合使用；用于控制电力变压器；可作为环网供电或终端，起着电能的分配、控制和保护的作用。负荷开关具有简单的灭弧装置，因为能通断一定的负荷电流和过负荷电流。但是它不能断开短路电流，所以它一般与高压熔断器串联使用，借助熔断器来进行短路保护。

### （二）负荷开关吊装

将开关吊点用钢丝套连接，控制夹角为 120° 左右，并装好开关上的设备线夹，杆上挂滑车组及穿好绳套，在杆上用卷尺量好安装位置做好标记，一端由地面工拴绳套用卸扣固定于钢丝套上。

开关上系上控制拉绳 1 ～ 2 根，另一端放至地面再拉住，互相配合，慢慢吊起，杆上操作应防止被开关撞到身体及脚扣和挂住安全带，一般采取一人在就位点上方、一人下方的站位方法。

### （三）安装开关

起吊到位后拉绳稳固，可缠绕电杆 3 ～ 4 圈。在杆上将开关与地面拉控制绳人员配合校正开关贴近电杆，拧开螺栓将抱箍套上电杆拧螺栓，同时协调好安装位置尽量平、正，注意静触点在送电侧方向。

（四）校正开关

用控制绳、小榔头、肩部校正扭斜后，拧紧。

（五）装、接导线

在杆上拆开导线，装瓷横担，并用扎线固定导线，然后量取好至开关设备线夹距离，注意弧度自然、美观、电气间隙是否足够等问题。

（六）安装接地

安装开关接地线3处（弯度与开关20mm），后沿电杆紧贴引下并每隔1～1.5m用铝线绑扎固定。

（七）安装操作杆

将操作杆吊上连接开关，装抱箍及联络杆段，吊上操动机构安装于一定高度2.5m以上，并试操作分、合3～4次。

（八）试验

负荷开关试验包括测量绝缘电阻、测量高压限流熔丝管熔丝的直流电阻、测量负荷开关导电回路的电阻、交流耐压试验、检查操动机构线圈的最低动作电压、操动机构的试验。测量结果与出厂值进行对照，判断是否符合标准。

（九）质量控制措施及检验标准要点

开关装好后应使接线连接良好、美观、自然，开关高度合适，静触头方向正确。

螺栓应紧固，试操作应灵活无异常，分、合指示清晰。

接地连接接触应良好、平整、无扭斜，电气间隙应符合要求，相与相间30cm，相和电杆、构件间20cm。

# 第四章
# 火电建筑工程施工管理

## 第一节　施工组织中的重点工作

### 一、施工工艺决定工程质量

从控制工艺入手，狠抓工程质量。电动爬模就比滑模施工的烟囱混凝土质量要好；用竹胶模板比用组合钢模，混凝土表面质量要好；用型钢卡具，柱子几何尺寸控制得就准；拉线、冲筋、上杠，抹出灰来就平整；地面施工用平板振捣器就比振捣棒振出来的要平整；等等。在近年的火电建筑市场竞争中，内蒙古电建三公司为了改变建筑工程质量面貌，除常规的操作规程外，又制定了简单易行的“工种工程施工工艺控制要点”，这些施工工艺控制要点，看上去很简单，但只要认真把住这些工种工程的施工工艺关口，工程质量就会明显改观。2016 年，电建三公司又编制了企业自有的地基工程、防水工程、钢结构工程、钢筋工程、模板工程、现浇梁板混凝土结构工程、砌体工程、抹灰工程、建筑地面工程、屋面工程等工种工程的施工工艺标准，使各工种工程的施工工艺控制有了遵循的章程。

工种工程施工工艺控制要点为：

（1）测量放线：必须使用经过检定的全站仪、经纬仪、水准仪、钢尺。

（2）土方开挖：不论规模大小，严格控制作业面，必须拉线修坡，见棱见角。

（3）混凝土垫层：必须支边模，方方正正。

（4）模板选用：重要构件应采用大模板。

（5）模板完成：浇混凝土前必须校核轴线、标高。

（6）埋件制作：钢板一律剪切或等离子切割，不许采用手工气割。

（7）埋件定位：必须打眼用螺丝固定。

（8）混凝土浇筑：设标志控制标高且表面必须木抹子搓平或铁抹子压光（梁柱接头除外）。

（9）砌筑：必须立皮数杆。

（10）混凝土地面：找点，冲筋，必须用平板振捣。

（11）屋面抹灰找平：必须挂线、冲筋、上杠。

（12）墙面抹灰：必须挂线、冲筋、上杆。

（13）各种饰面：必须样板引路。

（14）面砖镶贴：必须画线试排，转角 45° 对缝，半砖不上墙。

（15）高耸筒仓：必须步步检测垂直、水平、半径、接缝。

（16）水、暖、电照管线：必须横平竖直、坡向合理、画线钻孔、排列有序。

（17）易磕碰构件：必须加护角保护。

## 二、设置质量控制点

企业由劳动密集型转变为管理密集型、技术密集型后，工程项目上管理作用要进一步体现，协作劳务队伍在作业工序上要设置质量控制点，从而保证外协队伍作业质量处于受控状态，都必须认真考虑。质量把不好关，就等于以包代管，放弃管理。工程项目实行监理制之后，火电建筑工程施工过程中有监理工程师旁站监理，施工单位搞好工程质量不能依赖于监理，主要靠自身在施工组织中采取措施，靠施工过程中设置质量控制点，加强监控，及时纠正偏差，保证工程质量始终处于受控状态。比如，用于工程的原材料的材质；半成品的几何尺寸、浇灌混凝土以前轴线、标高、几何尺寸的复核，混凝土养护过程中的温度、湿度监控等，都是决定工程质量至关重要的因素。

## 三、制定预防措施，消除质量通病

工程质量通病是一种顽症，为确保施工中制定的质量目标的实现，预防和消除质量通病工作的优劣是一个关键。为了做好这项工作，必须从完善质量体系入手，做到质量方针目标明确、质量组织职责落实、质量资源落实、质量过程控制落实、质量审核落实、质量文件记录落实，在治理质量通病上扎扎实实做好每一项工作。

建筑专业质量通病预防措施主要有如下 7 项。

### （一）屋面防水不漏水预防措施

第一，找平层施工前先将基层清理干净，并洒水湿润。

第二，找平层砂浆铺设按照由高向低进行，铺设前先进行贴饼冲筋，然后用靠尺找平，严格控制好坡度。

第三，找平层两个面的相接处均做成圆弧，圆弧半径不小于 150mm。

第四，屋面面积较大时，找平层设置分格缝，分格缝纵横间距不大于 6m。

第五，找平层表面凹凸不平时，将凸起部分铲除，低凹部分用 1 ： 2 水泥砂浆掺 15%107 号胶补抹。

第六，找平层表面有起砂、起皮时，将起皮处表面清除，用水泥浆掺胶涂改刷一层，并抹平、压光。

第七，找平层施工前，先检查找平层含水率，含水率控制在 8% 以下时，方可施工卷材。

第八，卷材铺贴严格按照规范进行，当坡度小于 3% 时，卷材平行于屋脊铺贴，当坡度大于 15% 时，卷材垂直于屋脊铺贴，双层卷材时卷材不得相互垂直铺贴。

第九，卷材铺贴时，先在排水比较集中的部分做附加层处理，然后由低向高铺贴。

第十，卷材的搭接应顺流水方向，短边搭接不小于 150mm，长边搭接不小于 100mm，上下两层应错缝搭接。

### （二）地下结构防水措施

第一，施工缝要采取凹槽、凸槽和钢板止水三种方法，严格按规范施工。

第二，要选用责任心强、经验丰富的振捣手振捣，保证不漏振，振捣实心密实。

第三，试验室严格进行试配，给出合理的混凝土配合比，并且一定要加膨胀剂。

第四，对于所有对拉螺栓、预埋套管及较长的预埋件锚固筋，均要求加止水片或止水环，并且焊缝要求满焊。

第五，对于变形缝处要正确放置止水带，并且要加固可靠，防止变形。

### （三）大体积混凝土裂缝控制预防措施

第一，在满足要求前提下，尽可能使用低水化热的水泥品种，如矿渣硅酸盐水泥，其发热量为 270 ~ 290kJ/kg。

第二，掺和细度模数符合要求的粉煤灰，减少水泥用量。

第三，选用级配良好的粗骨料，增加混凝土的密实度，提高混凝土的拉伸强度。

第四，控制沙、石骨料的含泥量。其中沙含泥量 ≤ 3%，石骨料的含泥量 ≤ 1%。

第五，掺和减水剂（气温高时加缓凝型减水剂），减少水泥用量，降低水化热。避免水化热在短时间内集中释放，增大混凝土内外温差，出现温度裂缝。

第六，夏季施工时，应采取措施降低混凝土入模温度，如水中加水、防止阳光直射等。

第七，混凝土分层浇注、分层振捣，上下两层浇注时间间隔不能超过 2h，使混凝土捣实，提高混凝土抗拉强度，减小收缩变形。

第八，钢筋是热的良导体，易产生大的温度梯度，产生裂缝。因此，应加强插筋、地脚螺栓位置的振捣、养护。

第九，混凝土终凝后，立即进行早期养护，降低混凝土内外温差。养护时间不少于 7 天。混凝土内外温差大于 25℃时，及时增加岩棉厚度。条件允许拆模后及时进行土方回填，保温、保湿。

## （四）混凝土的表面缺陷及防治措施

第一，混凝土表面麻面：主要通过充分润滑模板控制模板支设的严密性，充足振捣，并防止漏浆，振固后养护好。

第二，露筋：主要通过控制混凝土的保护层厚度来避免缺筋。

第三，蜂窝：通过优化材料的配合比，均匀搅拌混凝土，充足振捣避免蜂窝的产生。

第四，孔洞：通过充足振捣混凝土，避免砂浆严重分离，石子成堆，砂子和水泥分离而产生孔洞。

第五，缝隙及夹层：主要是合理地处理好混凝土内部的施工缝、温度缝、收缩缝。

第六，缺棱掉角：首先，充分润湿模板，避免棱角处混凝土中水分被模板吸去，水化不充分而产生缺棱掉角；其次，拆模时注意棱角的保护。

## （五）建筑地面、墙面不平开裂预防措施

第一，严格处理底层，清理表面浮灰、浆膜和其他污物，并清理干净。

第二，控制基层平整度，用2m直尺检查，其凹凸不大于10mm，因厚薄悬殊，造成凝结硬化时收缩不均。

第三，面层施工前1 ~ 2天浇水湿润。

第四，均匀涂刷素水泥浆（水灰比以0.4 ~ 0.5为宜）结合层，不应采用先撒干水泥后浇水扫浆的方法。

第五，刷素水泥浆与铺设地面紧密结合，随刷随铺。如果水泥浆已风干，则应铲去重刷。

第六，地面压光1天后覆盖麻袋片养护，不少于7天。

## （六）装修工程常见质量通病预防措施

建筑装修工程常见质量通病主要有：墙面抹灰空鼓、裂缝；楼地面面层空鼓、面层开裂、面层起砂等。

1. 防止墙面空裂措施

（1）在抹灰前先进行墙面的清理和修补，保证无污物，墙面上洒水充分

湿润。

（2）控制抹灰厚度，分层施工。

（3）对于光滑的混凝土面层，抹灰前混凝土表面必须凿毛湿润后再进行抹灰面层的施工。粗糙的混凝土面可用界面剂进行处理。

（4）混凝土梁柱与砖墙交接处抹灰时绷一层钢丝网，防止抹灰墙面由此处开裂。

2. 防止楼地面面层空鼓措施

（1）混凝土楼地面面层施工之前，先将混凝土基层清理干净，提前一天浇水湿润。

（2）严格控制水泥砂浆的水灰比，使水灰比不可过大。

（3）在施工地面之前，先刷一遍素水泥浆，严格做好随刷随铺。

3. 防止混凝土地面和楼地面面层开裂措施

控制主厂房零米以下回填土的质量，防止因回填下沉而造成地面裂缝。

4. 防止楼地面面层起砂措施

（1）控制砂子的粒径和含泥量，使用强度等级较高的水泥，严格控制水灰比。

（2）掌握好面层的压光时间，压光不少于 3 遍。

### （七）回填土质量通病预防措施

1. 消除基底处理松懈的措施

（1）基底杂物、积水应清除。

（2）基底填土应经质检部门校核并作隐蔽工程记录。

（3）基底土质和设计要求有出入时，应和设计人员商定修改处理，处理后应作隐蔽工程记录。

（4）挖土后应及时施工基础工程，保持地基良好的原有状态，不受扰动。

2. 消除回填土不密实的措施

（1）合理按设计要求选用填料，填料技术要求应符合相关技术规范要求。

（2）填土采用机械填方时，应保证边缘部位的压实质量。

（3）回填土密实度应达到设计的要求，其要求一般应按规范规定的要求取样，经试验单位试验，当数据不能达到要求时，应采取和设计商定采用翻晾晒、掺白灰、清除、回填沙砾等方法进行处理，增强表层土方的密实度。

（4）填土方法应进行实际效果试验后，才能大规模施工。

（5）铺土厚度和压实遍数等参数，应在施工现场通过试验求得，数据确定之后才能大规模进行施工。

（6）回填土源由业主、监理予以确定。

（7）应保证回填土取土场不积水。

（8）机械碾压时，轮（夯）迹应互相搭接，防止漏压。除碾压机外，尚应配备平土机及运输机械。

3. 消除土方开挖后，浅基础和浅沟道下填土不实的措施

（1）应准备各种小型振动夯及必要人工夯填工具。

（2）回填土源应予保护，防止含水量增加。

（3）回填土经过试验，当密实度不足时，应掺入水泥、白灰、卵石，增强其密实度。

（4）设备基础下回填土，经抽样化验不合格时，应和设计者商定其加回的方法。

（5）回填土上浅沟道，基底板应和设计者商定增加构造配筋。

（6）采用先深后浅的施工方法，防止不必要的回填。

（7）交叉的基础及沟边，其交叉处两侧挖土区应填中砂。

（8）地基挖到设计高程后，应取土检验，其密实度应符合设计或施工规范的要求。

4. 消除填土边坡塌方的措施

（1）坡脚应设排水沟。

（2）边坡的坡度、土质应符合设计图纸和施工验收规范要求。

（3）采用加宽回填夯实，然后再消坡的办法，加强边坡稳定性。

（4）防止施工用水冲坏边坡。

5. 消除填方成弹簧土的措施

（1）填土含水量应严格控制在施工规范要求含水量之内。

（2）填土选用透水良好的矿质黏土或亚黏土。

（3）地下水位以上 0.5m 填土，应和设计商定选用优良透水的土料。

（4）已经局部形成弹簧土，应挖出后按施工规范要求重新换土回填。

（5）完善现场施工排水措施。

## 四、搅拌站管理

火电建筑工程混凝土工程量占的比重比较大，一个公司一年完成十亿产值，混凝土量就可能达到 50 万 $m^2$。混凝土搅拌站的管理关系到工程施工进度，关系到工程质量，关系到降低工程成本。各火电建筑公司近年添置的自动化搅拌站普遍存在的问题，一是操作人员素质差，老的操作人员计算机知识不熟练，年轻的工作不稳重，缺少经验；二是搅拌站的各项管理要求不严。必须采取针对性措施，彻底改变面貌。火电建筑公司一定意义上讲，施工技术在搅拌站，成本降低在搅拌站。

## 五、协调设计、沟通监理

设计、监理和施工单位在工程施工中既相互制约，又围绕共同的工程目标，相互理解，相互支持，相互配合。沟通与设计人员、监理人员的关系，使其既对施工实施监督，又能为合理组织施工、有效控制质量提供方便，这一点非常重要。现场施工指挥人员和劳务作业人员在工作中需要有对立面，需要有监督，同时也应当看到，施工现场情况千变万化，常常需要当机立断。单靠背条文、抠数据，将会寸步难行。

## 六、注重施工现场的 CI（企业形象）推广

火电工程施工现场是火电企业加工工程产品的场所，施工现场是企业形象的窗口，施工现场的企业形象不仅能对外扩大企业影响，对内也能达到鼓舞士气、凝聚人心的作用，一定要规范、统一，按 CI 手册推广。CI 似乎和工程施工组织没有直接联系，又可以发挥非常重要的作用。从以人为本的观念出发，火电工程施工现场宣传企业形象，营造彩旗招展、标语醒目的气氛，可以使人们充满激情，保持旺盛的干劲；施工现场规范标准的企业形象展示，可以使人们在施工中保持认真、严谨的工作态度，有助于提高工程质量。

## 七、编制项目的可行性研究

可行性研究是对建设项目投资决策前进行技术经济论证的一门综合性专题报告，可行性研究的任务是对建设项目在技术上、经济上是否合理和可行进行全面

分析和论证，做出多方案的比较，提出评价。由于基本建设工程涉及面广，建设周期长，对人、财、物消耗很大，为了更好地获得投资效果，得到投资方和国家主管部门的支持和认可，在项目建设之前就必须对拟建项目进行可行性研究。

可行性研究是工程项目开展初步设计工作的主要依据，是确定建设方案、建设规模、建设布局、主要技术经济指标等的基本文件，按照基本建设程序，一项基本建设工程在进行可行性研究之后才能报经省、市、自治区、国家主管部门审查批复，并取得许可建设的批复文件，审查项目建设的可行性和必要性，进一步分析项目的利弊得失，落实项目建设的条件，审核各项技术经济指标的合理性、先进性，比较分析、确定建设厂址，审查建设资金，为项目的最终决策提供重要保证。

### （一）可行性研究的作用

可行性研究是火电基本建设前期工作中的重要环节，项目建设实践证明：要搞好基本建设，必须十分重视基本建设的前期工作，认真进行基建项目的可行性研究。可行性研究，就是对拟建项目进行论证，分析工程建设的必要性和可行性，从技术和经济上进行论证分析，并在此基础上对拟建项目的经济效果进行预测分析，为投资决策提供依据，也就是对拟建项目的技术先进性、适用性，建设条件的优越性、环境保护、综合利用、节约和合理利用能源，投资估算及经济效益分析，进行认真的调查分析并经过多方案的分析比较，推荐最佳的建设投资项目。

可行性研究作为基本建设规划的重要阶段，使项目建设能够稳步发展，取得显著的经济效益和社会效益，在工业建设领域不断地充实和完善，应用范围十分广泛，不仅用来研究工程建设问题，还可研究农业的生产管理，自然、社会的改造等。可行性研究所应用的技术理论知识也很广泛，涉及大量的技术科学、经济科学和企业管理科学等，现在已经形成一整套系统的科学研究方法，虽然世界各国对可行性研究的内容、作用和阶段划分不尽相同，但作为一门科学，已被各国所共认，在国际上广泛采用。

在西方国家，以最少的资本获取最高的投资回报，榨取尽量多的剩余价值，驱使投资经营者十分重视拟建项目的可行性研究。我国基本建设项目进行拟建项目的可行性研究，是对有关基本建设项目进行调查研究，正确进行投资决策，避免和减少建设项目的投资失误，求取最优的基本建设投资综合效益，为此根据国家和部门颁发的有关规定和要求，必须认真地做好火电建设项目的可行性研究。

火电建设项目的可行性研究文件主要有以下六点：

第一，可作为有关建设项目的投资决策依据。

第二，可作为开展初步设计的依据。

第三，可作为资金筹措的依据。

第四，可作为对外协作签订协议的依据。

第五，可作为进一步开展火电基本建设前期工作的依据。

第六，重大的基建项目的可行性研究文件，可作为编制国民经济计划的重要依据和资料。

可行性研究是基本建设程序中为项目决策提供科学依据的一个重要阶段，发电厂新建、扩建或改建工程项目均应进行可行性研究，编制可研报告，可研报告是编写项目申请报告的基础，是项目单位投资决策的参考依据。

火电项目建设应认真贯彻执行建设资源节约型、环保友好型社会的国策，在可行性研究阶段应积极采用可靠的先进技术，积极推荐采用高效、节能、节地、节水、节材、降耗和环保的方案。建设项目的可行性研究文件，一般应满足以下要求：论证项目建设的必要性和可行性。新建工程应有两个以上的厂址，并对拟建厂址进行同等深度全面技术经济比较，提出推荐意见。进行必要的调查、收资、勘测和试验工作。落实环境保护、水土保持、土地利用与拆迁补偿原则及范围和相关费用，接入系统、热负荷、燃料、水源、交通运输（含铁路专用线、码头及运煤专用公路等）、储灰渣场、区域地质稳定性及岩土工程、脱硫吸收剂与脱硝还原剂来源及其副产品处置等建厂外部条件，并应进行必要的方案比较。

对厂址总体规划、厂区总平面规划以及各工艺系统提出工程设想，以满足投资估算和财务分析的要求，对推荐厂址应论证并提出主机技术条件，以满足主机招标的要求。投资估算应能满足控制概算的要求，并进行造价分析。财务分析所需要的原始资料应切合实际，以此确定相应上网参考电价估算值，利用外资项目的财务分析指标，应符合国家规定的有关利用外资项目的技术经济政策。应说明合理利用资源情况，进行节能分析、风险分析及经济与社会影响分析，工程项目所需要的总投资（动态、静态投资），工程项目建设的规模、周期。

可行性研究应正确处理好下面内容：可行性研究是项目决策的依据，而设计是指导项目施工的文件，两者不能混淆。可行性研究必须做到满足项目最终决策的要求。可行性研究宜由浅入深，分阶段进行，并应分段纳入基建程序。电力建设项目的可行性研究可以分为初步可行性研究和可行性研究两个阶段，审定后的初步可行性研究作为编制可行性研究的依据，依此程序使研究工作逐步深入。

为保证可行性研究的质量，要认真做好可行性研究报告的评审工作。在可行性研究报告审查后，还应根据审查意见做好可行性研究报告的收口工作。在项目报审阶段由审查机关审查可行性研究报告的各项数据的来源与可靠性、技术经济的合理性并落实项目的基本条件，使项目的计划与当地省、市、自治区或国家的计划密切结合。

可行性研究是一个预测、探索和研究的过程，可行性研究的结果是可行还是不可行，关键在于多方案进行比选、详细地调查研究、反复研究项目的综合经济效果，因此必须保证有足够的时间，绝不能不顾质量，造成决策的失误。火电厂工程可行性研究工作应该与地区电网规划工作统一规划，分析明确电网的建设和接入系统方式。

### （二）可行性研究任务

火电厂工程项目的可行性研究分为初步可行性研究与可行性研究，是火电建设前期工作的两个重要阶段，是基本建设程序中的重要组成部分。一般新建项目，都要进行初步可行性研究和可行性研究，扩建、改建的项目可直接进行可行性研究。

火电厂工程项目的初步可行性研究与可行性研究，是对拟建工程项目论证其必要性，在技术上是否可行、经济上是否合理，进行多方案的分析、论证与比较，推荐出最佳建厂方案，为编制和审批项目建议书和开展初步设计工作提供依据。

1. 初步可行性研究的任务

初步可行性研究，根据电力系统的发展规划或发展需求，由建设单位委托有资质的电力设计部门在几个地区（或指定地区）分别调查各地可能建厂的条件，着重研究电力规划的要求，确定主要设计原则、厂址及电厂总平面规划、建设规模及机组选型、接入系统及电气主接线，交通运输、煤源与煤质、燃料量的预测及运输、水源、除灰系统及储灰渣场、工程地质与地震、水文气象条件、环境保护、技术经济比较、结论、推荐建厂地区的顺序及可能建厂的厂址与规模，提出下阶段开展可行性研究的厂址方案，并为编制和审批项目建议书提供依据。编制初步可行性研究报告时，设计单位必须全面、准确、充分地掌握设计原始资料和基础数据，项目单位应与有关部门签订相应的协议或承诺文件，设计单位配合项目单位做好工作。

初步可行性研究报告应满足以下要求：

（1）论证建厂的必要性。

（2）进行踏勘调研，收集资料，有必要进行少量的勘测和试验工作，对可能造成厂址颠覆性的因素进行论证，初步落实建厂的外部条件。

（3）新建工程应对多个厂址方案进行技术和经济比较，择优推荐出两个或以上可能建厂的厂址方案作为开展可行性研究的厂址方案。

（4）提出电厂规划容量、分期建设规模及机组选型的建议。

（5）提出初步投资估算、经济效益与风险分析。

2. 可行性研究的任务

可行性研究，在已经审定的初步可行性研究和投资主管部门批准的项目建议书的基础上，进一步落实各项建厂的条件并进行必要的水文气象、供水水源的水文地质、工程地质的勘探工作。对车站站场改造、专用线接轨、运输码头及专用供水水库的可行性研究也需要同步进行。设计单位与建设单位共同研究提出重大的设计原则，落实各项建厂的条件（如煤源、水源、灰场、交通运输、专用线接轨、用地、拆迁、环保、出线走廊、地质、地震及压覆矿产资源等），建设单位向当地省、市、自治区主管部门取得有关支持性文件，提出接入系统、电厂总平面规划、工艺系统和布置方案，推荐具体厂址及装机方案。完成对环境保护评价、灰渣综合利用、劳动安全和工业卫生、节约和合理利用能源等专题报告，提出电厂的投资估算及经济效益分析和社会效益分析，为项目审查取得许可建设的批复文件申报核准和下阶段开展初步设计提供可靠的依据。

### （三）可行性研究的工作步骤

火电厂建设项目的可行性研究工作可分为以下步骤：

1. 委托有资质的设计单位开展可行性研究工作

（1）明确可研的任务范围，商定可行性研究的主要原则。

（2）收集基础资料，提出需要搜集资料的提纲。

（3）拟订工作计划。

（4）了解有关地区情况和协作条件。

（5）“初步可行性研究”阶段应在 1 ： 10000 或 50000 地形图上标出可选厂址方位，“可行性研究”阶段应在 1 ： 2000 或 1000 地形图上标出。

（6）各专业根据不同阶段对各项主要指标进行估算或详细计算。

2. 现场踏勘调查了解厂址自然条件

（1）深入现场进行多方案的厂址选择。

（2）将选择的厂址方案标在相应的地形图上。

（3）向当地政府部门汇报沟通拟建设项目的情况、规模、厂址要求的条件，如实汇报所了解厂址及已掌握资料情况，听取当地各政府机关介绍地区情况、城市规划及其发展远景、水利开发情况、交通运输情况、地质情况、建筑材料情况，初步提出建厂条件和所推荐或补充推荐的厂址方案。

（4）明确建设项目的外部条件，深入细致地调查研究，使厂址条件落实可靠，搞清楚厂址的地表、地形、地貌、地质、岩层情况，对重点厂址还应测量地形及地形图，进行初步勘探，以搞清厂址的地质条件。

3. 取得可靠的资料进行分析研究、计算比较、方案论证、提出建议

（1）根据现场取得的资料，整理分析。

（2）进行多方案的优选。

（3）从技术上、经济上综合分析比较，提出推荐的方案。

4. 研究重大的技术经济原则，落实各项必要条件

（1）确定外部条件，如交通运输、专用线接轨、用水、用地、灰场、环保、出线。

（2）建设单位向当地省、市、自治区有关部门取得支持性文件（如建设厅出具对拟选厂址的意见函、文物局出具无文物保护的函、军事委员会出具无军事设施的函、国土资源厅出具拟选厂址及灰场不压覆矿产资源的函、水利厅出具取水意见的函、交通厅出具满足交通运输的函、煤炭部门出具燃料供应的函或与煤矿企业签订供煤协议、银行部门出具贷款承诺函等）。

（3）建设方委托有关单位编制完成各项专题报告（ 如接入系统、环境影响评价报告、水土保持方案设计、地震安全性评价报告、地质灾害危险性评价报

告、水资源论证报告、大件运输报告等）。

5. 编写可行性研究报告

（1）完成可行性研究报告。

（2）完成岩土工程勘察报告。

（3）完成水文气象报告。

（4）完成工程测量报告。

（5）完成空冷气象条件对比分析报告等。

6. 提交报告书，进行审查

（1）报请当地省、市、自治区主管部门或集团公司主管部门，建设单位联系有资质的或国家认可的部门进行可行性研究报告的审查。

（2）对可行性研究报告提出的问题进行完善和补充。

（3）完成可行性研究报告的收口工作。

### （四）国际上可行性研究阶段的划分和功能

在国际上，可行性研究一般分为三个阶段，即机会研究、初步可行性研究和可行性研究。

1. 机会研究

机会研究的任务主要是为建设项目投资提出建议，在一个确定的地区或部门内，以自然资源和市场预测为基础，选择建设项目，寻找最有利的投资机会，机会研究应通过分析下列各点来鉴别投资机会：

（1）自然资源情况。

（2）现有工业项目或农业格局。

（3）地区的发展、购买力增长、面对消费品需求的潜力。

（4）进口情况、可以取代进口商品的情况、出口可能性。

（5）现有企业扩建的可能性、多种经营的可能性。

（6）发展工业的政策，在其他国家获得类似成功的经验。机会研究是比较粗略的，主要依靠收集资料的估算，其投资额一般根据相类似的工程估算，机会研究的功能是提供一个可能进行建设的投资项目，要求时间短，花钱不多，如果机会研究有成果，再进行初步可行性研究。

2. 初步可行性研究

有许多项目机会研究之后，还不能决定项目的成立，因此需要进行初步可行性研究。初步可行性研究的主要目的是：分析机会研究的结论，并在详细资料的基础上做出投资决策。确定是否应进行下一步可行性研究。确定有哪些关键问题需要进行辅助性专题研究，如市场调查、科学试验、工厂试验。判明这个项目的发展前景。

初步可行性研究是机会研究和可行性研究之间的一个阶段，它们的区别主要在于所获取资料的细节不同，如果项目机会研究有足够的数据，也可以越过初步可行性研究的阶段，进入可行性研究。如果项目的经济效益不明显，就要进行初步可行性研究来断定项目是否可行。

对建设项目的某个方面需要进行辅助研究，并作为初步可行性研究和可行性研究的前提，辅助研究可分为：

（1）市场研究，包括所供应市场的需求预测以及预期的市场渗透情况。

（2）原料、辅助材料和燃料等研究，包括是否保证供应、满足需求、价格预测。

（3）实验室和工厂的试验。

（4）建设厂址研究。

（5）合理的经济规模研究。

（6）设备选择研究。

一般情况下，辅助研究在可行性研究之前或与可行性研究一起进行。

## （五）编制可行性研究管理要求

为适应我国全面开创社会主义建设新局面的要求，改进火电建设项目的管理，做好火电建设项目前期工作的研究，避免和减少建设项目决策的失误，提高火电建设投资的综合效益，应加强火电建设项目可行性研究的管理工作。

火电建设项目的决策和实施必须严格遵守国家规定的基本建设程序。可行性研究是建设前期工作的重要内容，是基本建设程序中的组成部分。

可行性研究的任务是根据国民经济长期规划和地区规划、行业规划的要求，对建设项目在技术、工程和经济上是否合理和可行，进行全面分析、论证，做多方案的比较，提出评价，为项目审批和开展设计工作提供可靠的依据。

利用外资的项目、技术引进和设备进口项目、大型工业交通项目（包括重大技术改造项目）都应进行可行性研究。其他建设项目有条件时，也应进行可行性研究。

负责进行可行性研究的单位，要经过资格审定，要对工作成果的可靠性、准确性承担责任。可行性研究工作应科学地、符合现场实际地、客观地、公正地做出结论，要为可行性研究单位客观、公正地进行工作创造条件，任何单位和个人不得加以干涉。

为了使火电建设项目有更大发展的余地，各省、市、自治区发展改革委员会可以有选择地储备一些主要建设项目的可行性研究报告，一旦建设条件具备，就可开展项目可行性研究审查及前期工作，将项目列入电源发展规划。

### （六）编制可行性研究报告的程序

各省、市、自治区和全国各发电集团公司和地方电力投资单位，根据国家经济发展和电网发展的长远规划及行业、地区规划、经济建设的方针、技术经济政策和建设任务，结合资源情况、火电建设规划等条件，在调查研究、收集资料、踏勘建设地点、初步分析投资效果的基础上，提出需要进行的可行性研究项目。

对重要的火电建设项目以及对国计民生有重大影响的重大项目，由有关部门和地区联合提出项目可行性研究工作的规划。

各级计划部门对提出的项目建议书进行汇总、平衡，按分别纳入各级的前期工作计划，进行可行性研究的各项工作。

可行性研究，一般采取主管部门下达计划或有关部门、建设单位向设计或咨询单位进行委托的方式。在主管部门下达的计划或双方签订的合同中规定研究工作的范围、前提条件、进度安排、费用支付办法以及协作方式等。

火电建设项目的可行性研究报告，由各省、市、自治区或国家认可的审查机构进行审查。对初步可行性研究报告一般由地方各省、市、自治区主管火电建设项目的发展和改革委员会组织审查，并出具审查纪要。可行性研究报告由地方各省、市、自治区发展和改革委员会或国家认可的机构（国家电力规划设计总院、中国国际咨询工程咨询公司）组织审查并出具审查纪要。

编制可研报告时，设计单位必须全面、准确、充分地掌握设计的原始资料和基础数据，项目单位应按要求取得有关主管部门的承诺文件，并与有关部门签订相关协议，签订的协议或文件内容必须准确齐全。

可研报告编制完成后，3 年尚未核准的项目应进行全面的复查和调整，并编制补充可行性研究报告。

可行性研究报告的编制应以近期电力系统发展规划为依据，以审定的初步可行性研究报告为基础，项目单位应委托具有相应资质的单位编制可研报告。

凡编制可行性研究的建设项目，应征得地方政府主管部门的支持，并出具支持性文件。

有的拟建项目经过可行性研究，已证明没有建设的必要时，经过审定，可以决定取消该项目。

### （七）可行性研究报告的预审与复审

咨询或设计单位提出的可行性研究报告和有关文件，按项目大小应在预审前 1 ~ 3 个月提交预审主持单位。预审单位认为有必要时，可委托有关方面提出咨询意见。报告提出单位与咨询单位应密切合作，提供必要的资料、概况说明和数据。

预审主持单位组织有关设计、科研机构、企业和有关方面的专家参加，广泛听取意见，对可行性研究报告提出预审意见。

发生下列的一种情况时，应对可行性研究报告进行修改和复审。

第一，进一步工作后，发现可行性研究报告有原则性错误。

第二，可行性研究的基础依据或社会环境条件有重大变化。

可行性研究报告的修改和复审工作仍由原编制单位和预审单位，按照预审与复审的规定进行。

### （八）其他管理要求

对承担可行性研究的单位，由各省、市、自治区和各全国性专业公司根据其业务水平及信誉状况进行资格审定，不具备一定资质条件的单位，不能承担可行性研究任务。

可行性研究报告应有编制单位的行政、技术、经济负责人的签字，并对该报告的质量负责。可行性研究的预审主持单位，对预审结论负责。可行性研究的审批单位，对审批意见负责。工作中应实事求是，不得弄虚作假，否则应追究有关负责人的责任。

当有多个设计单位参加可行性研究报告编制时，应明确其中一个为主体设计单位。主体设计单位应对所提供给其他各参加设计单位的原始资料的正确性负责，对相关工作的配合、协调和归口负责，并负责将各外围单项可研报告或试验研究报告等主要内容及结论性意见的适应性经确认后归纳到可行性研究报告中。

## 第二节　施工过程中的重点工程部位

### 一、回填土料与夯填密实

火力发电厂不可能不跑水，回填料见水一定会降低承载力，因此要求凡是深基础的基底一定要坐在原土上；凡是上面有浅基、浅沟的，回填土一定不能简单回填素土；回填料一定要按规程分层碾压、夯实。

在这个问题上，是有沉痛教训的，回填素土、夯填不实造成浅基、浅沟、地面下沉，投产后影响机组运行的问题多次发生。吸取教训后，电厂主厂房基坑开始填天然级配砂石，情况有了好转。

### 二、现浇混凝土柱梁、梁板连接处

现浇混凝土施工中近年整体表面质量在提高，薄弱环节在柱梁、梁板接头等局部部位。现浇混凝土模板工程中组合钢模或竹胶模板重复使用，由于不合模数，柱梁、柱板、梁板相交处需补小块木模，由于处置的工艺不细、固定不牢，使这些部位的混凝土出现不顺直、不平整、影响观瞻的情况。在模板工程施工中一定要盯住这些部位，认真检查、严格要求。

### 三、埋件的固定方式

在模板上打眼埋丝固定埋件的方式，实际操作中要精心，采取适当措施，保证其可行性。每一埋件至少应有两道螺栓固定位置。为保证埋件在混凝土中的位置，必须首先控制钢筋在混凝土中的位置，有埋件的混凝土不仅埋件固定要牢固，混凝土浇筑也要注意，一定要分层浇灌，严格按相关规程控制每层浇灌厚度，切不可图省事、走捷径，粗枝大叶、野蛮操作。

### 四、煤斗等钢结构的焊接工艺与质量

火电建筑工程施工中作业人员对金属结构的重要性认识不足，对焊接质量重视不够，钢结构在今后的火电建筑工程施工中所占的比重会日趋扩大，从现在起就必须高度注意钢结构专业建设。从钢结构加工制作的技术装备到工艺控制和技术标准，从选找、培养高技能焊工，到操作技能训练，提高焊缝质量，一步一个脚印地训练队伍，一点一滴地严格要求。经过几年努力，使火电建筑焊工的水平由一般钢结构向高温高压焊工过渡。

## 第三节　火电建筑工程施工质量问题事例

### 一、火电建筑工程质量事故典型案例

某电厂工程主厂房汽轮机间屋顶球网架结构坍塌事故是近年火电建筑工程施工发生的一起典型的由于质量问题引发的重大安全事故。

2015 年 7 月 8 日上午 10 时 45 分，某电厂 2×300MW 机组工程 1 号机组主厂房汽轮机间屋顶球形网架的 30m 跨屋面突然坍塌，造成 6 死 8 伤的重大伤亡事故。

事故发生后，经过有关专业人员初步分析，造成屋架坍塌的主要原因有：

第一，球网架采用空中组装施工方案。轴以后的杆件安装没有支撑，组装质量无法控制。

第二，球网架空中组装整体下挠后，螺旋球节点已经无法连接，安装单位擅

自决定后半部分采取了焊接连接。

第三，安装焊缝焊接质量非常差，部分支座焊接漏焊。

第四，球网架与 A、B 列连接由于组装偏差积累的方式，发生了变化，改变了整体结构的受力状态。

第五，球网架螺旋连接，螺栓拧得少，杆、球接触少。

第六，天车起吊除氨器作业时，突然停电是结构倒塌的诱发因素。

造成事故的原因除了工程技术上的原因外，在施工组织上还存在严重问题。

第一，施工单位系挂靠方式承接的此项工程施工任务。

第二，施工中工序之间没有履行交接手续。

## 二、火电建筑工程质量问题与事故实例

除某电厂因工程质量引发的重大伤亡事故外，将近几十年火电建设中出现的质量问题列举 13 例，供读者借鉴。

2003 年，某电厂主厂房 39 个待安装就位的梯形钢梁，因焊缝质量差，全部返工。

2006 年，某电厂扩建烟囱滑模施工，平台飘移，造成烟囱筒身扭曲。

2008 年，某电厂扩建工程，磨煤机预留地脚螺栓孔，混凝土施工预埋木桩抽拔不及时，见水膨胀，动用钻机钻孔。

2008 年，某电厂一期工程由于经纬仪精度不够，成组工程放线，累积误差超过 7cm，由于发现得早，得以纠正，险些酿成事故。

2012 年，某电厂一期汽轮机运转层 9m 走道板长度不够，挑梁间距控制不准，板梁安装就位后失稳，造成工人高空坠落。

2012 年某电厂一期工程 1 号汽轮机试运时，因基座模板拆除时一木方未拆，引发汽轮机振动，被迫停机。

2012 年，某电厂一期工程由于回填土夯填不实，造成设备基础、地面大面积下沉。

2013 年，某电厂烟囱 4.8m 以下冬季施工，混凝土露筋、蜂窝、麻面严重，次年春季，全部砸掉返工。

2013 年，某电厂三期 5 号机组汽轮机基座因设计问题，审图又未发现，局

部上平超高50mm，设备安装时人工剔凿。

2014年，某电厂扩建主厂房钢筋混凝土框架侧卧预制完成，工程停工，2015年复工后，相当一部分构件出现横向裂缝，被迫报废。

2016年，某电厂二期工程锅炉基础上部混凝土因钢筋密集冬施振捣不实，全部砸掉返工。

2016年，江西丰城发电厂三期在建项目发生冷却塔施工平台坍塌特别重大事故，导致74人遇难。

2017年，某电厂烟囱基础大体积混凝土，因养护差、拆模早，使用不同品种水泥造成多处裂缝。

从上述火电工程质量问题实例不难看出，火电建筑工程质量问题常发生在轴线、标高、几何尺寸控制、混凝土的配合比浇灌及养护、回填土夯填、装修工艺粗糙等方面。产生问题的原因不外乎操作人员责任制不落实，责任心不强；管理人员监督把关不力，复查、复测工作不到位；施工工艺不当；技术、质量措施不落实，操作人员、管理人员技术素质差等问题。

## 第四节　火电建筑工程施工安全事故事例

### 一、火电建筑工程施工安全事故典型案例

某电厂一期2×330MW机组工程施工中发生的冷却塔井架倒塌事故是在全国产生恶劣影响的一起火电建筑工程施工重大伤亡事故。

2013年3月21日，承担井架拆除的班组于3月20日下午，将顶头第七道钢索拖拉绳地锚松开，并放下西北、西南两绳。3月21日准备放下东北、东南另两条拖拉绳。21日上班后，15名临时工陆续上到井架各作业位置，开始解除第七道剩余的两条拖拉绳。为配合拆架工作，摆在冷却塔东侧最北的一台快速卷扬机开始启动，笼子上至10m多时，滑道犯卡，经临时工刘某调整后，又上

至距天轮约 20m 处停下，试放时，又被滑道卡住，经刘某调整后，又上升 1m 停下，刘某继续调整滑道。在东南向第七、第六道拖拉绳距地面约 30 ~ 40m 的部位，缠绕着一团安全网，影响拖拉绳拆除。为了解掉这团安全网，宋某某等 8 名临时工将该方向第六道拖拉绳地锚三个卡子全部松开，抖动第七道绳，掏出安全网后，卡子还未来得及紧固恢复，井架就突然向西偏北 30° 倾倒。井架内施工的 15 人当场死亡 12 人，重伤 3 人。在井架倾覆地段循环水处理室施工的 3 人中，当场被砸死 2 人。

24 日，两名重伤员经抢救数日无效先后去世。造成死亡人数 16 人，重伤 1 人的重大事故。事故原因分析认定为：

违章作业。在拆除吊桥过程中，必须由上而下逐次松开、紧上拖拉绳，松一道，放一截，井架立即紧固复原已松的拖拉绳。但在实际操作中，松开的拖拉绳，没有逐一认真地进行倒链紧固，使拖拉绳受力不够和不均，留下事故隐患。拆除井架主体，应该松一道拖拉绳，拆一层井架，而作业人员在开始拆除时，为解除缠绕的安全网，并强力抖动，是造成这起事故的直接原因。

管理涣散，组织领导没有落到实处。井架拆除既没有安全技术方案，也没有安全措施。对该项工程没有给予足够的重视。负责该项工程的架子班班长朱某擅离职守；副班长虽在现场，却没能起到组织领导的作用，整个拆除现场基本处于无人管理，临时工自由放任的失控状态。管理松懈，组织不严密，领导失策，是造成这起事故的主要原因。

思想麻痹。水塔工程处经过 20 多年的专业施工，对井架立、拆习以为常，对井架拆除这一危险作业失去应有的警惕和重视，马虎对待，缺少严肃认真的组织、管理、检查、监督，是造成这起事故的重要原因。

用工制度混乱。随意雇用农民工，既不按条件，又无录用合同，录用后不进行必要的专业知识培训和安全生产知识教育，以包代管，是这次事故的另一个重要原因。

## 二、火电建筑工程施工安全事故实例

除某电厂“3·21”事故外，另外十二起火电建筑工程安全事故的教训也是很沉痛的，而且透过这些安全事故，我们也能分析出火电建筑工程施工安全生产中一些规律性的东西。

2008 年，某电厂扩建工地在装车作业中，钢屋架倾倒，其上指挥操作的魏某等二人摔在钢屋架上，魏某经抢救无效死亡。

2009 年，某电厂 2 号冷却塔施工中，农民合同工刘某违章作业，高空坠落身亡。

2011 年，某电厂一期工程，高某违章合闸产生电弧，面部、手部严重灼伤。

2011 年，某电厂一期工程，贾某用撬棍撬物滑脱，人朝后仰倒，撞在钢管上，颅内大面积出血，因开颅及时，幸免一死。

2012 年，某电厂一期工程，煤沟土方夜间爆破，飞石伤人，飞石由板房顶砸落，致使外用工袁某肾破裂死亡。

2012 年，某电厂烟囱施工突然停电，张某提升架爬下时坠落身亡。

2013 年，某电厂一期煤斗吊装夜间作业，局部在框架处犯卡，指挥视线不好，造成吊环拉脱、煤斗倾斜，作业人员坠落，外用工樊某身亡。

2014 年，某工程，吊车起重作业撞倒已砌筑完成的墙体，大量砖块从 20m 高落地，6 名建筑施工人员被砸伤，赵某重残。

2015 年，起重工薛某在某电厂工地被高压电流击伤，抢救无效死亡。

2015 年，某电厂三期工程锅炉紧身封闭，外用工陈某高空坠落身亡。

2016 年，某电厂提升机拆除，未做交底，作业违章，造成凌某高空坠落死亡。

2017 年，某电厂三期工程施工中，63t 履带吊起重作业时，由于违章指挥，造成背杆，起重臂严重受损。

分析上述安全事故的教训，我们可以清楚地看出，在火电建筑工程施工中，安全事故以事故性质论，尤以高空坠落、物体打击、机电伤害为最多，以受害人群论，则是低素质的简单劳动者居多，尤其近年，火电建筑工程施工中，重大伤亡事故中的受害者多为外用工、农民工。

# 参考文献


[1] 杨天宝 . 电力工程技术 [M]. 北京：中国电力出版社，2018.

[2] 许思龙 . 电力工程技术应用 [M]. 西安：西安电子科技大学出版社，2019.

[3] 臧福龙，云楠，连晓东 . 电力工程与技术 [M]. 天津：天津科学技术出版社，2017.

[4] 电力工程施工组织设计实务编委会 . 电力工程施工组织设计实务 [M]. 北京：中国水利水电出版社，2018.

[5] 纪珺洋，刘圣寅，康勇全 . 电力工程与电气施工技术 [M]. 北京：中国建材工业出版社，2018.

[6] 张凯 . 电力通信理论与技术应用 [M]. 延吉：延边大学出版社，2019.

[7] 中国电机工程学会电力通信专业委员会 . 电力通信技术研究及应用 [M]. 北京：人民邮电出版社，2019.

[8] 秦钊 . 火力发电厂土建工程项目施工的质量检查 [M]. 长春：吉林科学技术出版社，2016.

[9] 中国电力企业联合会电力工程质量监督站 . 火力发电工程建设质量典型问题分析 [M]. 北京：中国电力出版社，2021.

[10] 毛化文，方雨田，宋跃强 . 火力发电工程与电力设备研究 [M]. 延吉：延边大学出版社，2018.

[11] 李红兴 . 火力发电厂土建设计和施工研究 [M]. 长春：吉林科学技术出版社，2017.

[12] 马同庄 . 火力发电厂土建工程的施工技术和安全评价研究 [M]. 长春：吉林科学技术出版社，2017.